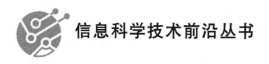
信息科学技术前沿丛书

U0149651

基于多层次理解的视频分析技术与应用

孔龙腾　周琬婷　著

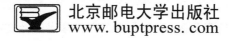

北京邮电大学出版社
www.buptpress.com

内 容 简 介

　　本书着眼于目前国内外快速发展的智能视频分析技术,论述了国内外主流的视频分析方法,主要包括视频行为识别、视频多目标跟踪、视频群体行为识别等。另外,本书在特定的体育场景、军事场景中分析了上述视频分析方法的局限性,并提出了契合场景的视频分析技术。通过剖析特定场景的关键问题,挖掘视频中的低层表观特征和高层语义关系特征,建立基于多层次理解的视频分析技术体系,以支撑目标跟踪、行为识别、群体行为分析等细分任务,为国内智能视频分析关键技术研究和应用开发提供参考。

图书在版编目（CIP）数据

　　基于多层次理解的视频分析技术与应用 / 孔龙腾,
周琬婷著 . -- 北京 ：北京邮电大学出版社,2024.
ISBN 978-7-5635-7285-4

　　Ⅰ. TN94

　　中国国家版本馆 CIP 数据核字第 2024ZZ0074 号

策划编辑：姚　顺　**责任编辑**：姚　顺　廖国军　**责任校对**：张会良　**封面设计**：七星博纳

出版发行：北京邮电大学出版社
社　　　址：北京市海淀区西土城路 10 号
邮政编码：100876
发 行 部：电话：010-62282185　传真：010-62283578
E-mail：publish@bupt.edu.cn
经　　销：各地新华书店
印　　刷：河北虎彩印刷有限公司
开　　本：720 mm×1 000 mm　1/16
印　　张：11
字　　数：226 千字
版　　次：2024 年 7 月第 1 版
印　　次：2024 年 7 月第 1 次印刷

ISBN 978-7-5635-7285-4　　　　　　　　　　　　　　　　　定　价：58.00 元

前 言

随着网络通信和人工智能技术的发展,尤其是短视频类应用的兴起,互联网上的视频数据规模迅速扩大。同时,特定场景(如体育比赛、监控场景)中的视频数据也在不断地产生。种种迹象表明我们已经处在"视频大数据"时代,而海量的视频不仅深刻地影响着人们的生活,也推进了诸多行业的变革。在计算机视觉领域,如何设计智能算法以对视频中的内容进行自动分析与理解是一个热门的研究方向,而这些智能算法又以视频中人体行为分析算法为主。近十多年,众多学者围绕视频行为分析的诸多难题开展研究,例如对视频的时空特征进行建模,对视频中的目标动作序列进行时序编码等,均取得了极大的进展。就目前趋势而言,视频行为分析已经从可控实验室环境下的个体动作向非可控真实场景中更加复杂的群体行为转变。

与个体动作分析不同,群体行为分析主要研究多个目标的行动趋势和他们的交互与配合关系,以推理出场景中群体目标的整体行为并预测群体的潜在意图,是视频行为分析任务中的一个细分任务。该任务有丰富的应用场景和巨大的应用价值[1-5],可为公共安全、体育、国防安全等领域的诸多应用提供更高层级、更加智能的技术支持。例如:一些地区群体暴力事件频发,2023 年,美国平均每 6 天就会发生一起群体凶杀案,而对监控视频中目标群体的意图进行有效预测,将有利于避免此类事件的发生;在体育比赛中,对群体战术行为进行智能分析,将有助于教练员、运动员充分了解双方的对抗技巧,提高自身的技战术水平;在军事对战中,攻防两方群体目标包含了大量的竞争和博弈,对其行动或行为策略进行深入分析,可以个性化定制作战计划,进而提高军队的战斗能力。因此,视频群体行为分析与理解得到了越来越多的研究机构和商业机构的关注,同时诸多国际权威学术期刊和重要学术会议也将群体行为分析作为研究主题。群体行为分析已经成为当前人工智能与计算机视觉领域的研究热点。

本书将以视频表征学习为核心,以群体行为分析为重点,从多个维度构建视频分析技术体系。从低层的表观特征到高层的语义关系特征,从低层级的跟踪任务到高层级的群体行为分析任务,从普通场景到特定场景,为读者提供一个全面、深刻的视角来论述视频分析技术,为我国智能视频技术的发展贡献智慧。

目　　录

第 1 章
背景与意义

　　面向多场景的智能视频分析技术引起了广泛关注,作为主要研究内容之一的群体行为分析仍然局限在日常监控视频中一些较为简单的事件上(如图 1-1 中的交谈、排队等)。处理方法通常是首先检测场景中的目标,然后利用递归神经网络(Recurrent Neural Network,RNN)[6] 或图卷积神经网络(Graph Convolutional Network,GCN)[7] 等深度学习模型对个体目标和群体目标的时序动态编码并识别群体行为。实际上,严格意义上的群体行为往往是由多个目标通过长时间的策略性配合完成的,具有更加复杂的个体动态和群体交互信息,如图 1-1 的排球立体战术。现有方法在处理这类具有复杂语义的群体行为分析任务时,仍要面对以下挑战。①复杂语义群体行为与群体目标的移动趋势高度相关,跟踪定位多个目标在行为分析中不可或缺。现有的多目标跟踪方法大多针对状态较为简单的目标(如行人),而体育群体行为的目标所处环境复杂多变,运动状态多样,给多目标跟踪定位带来了挑战。②现有群体行为识别方法通常只对短时性、整体性的目标关系建模,无法充分理解复杂多样的语义信息,如关键目标的交互上下文信息、配合中的主要矛盾与次要矛盾信息以及长时群组动态时序演化信息等。③目前,绝大多数群体行为识别方法使用监督学习技术,非常依赖于人工标注信息,然而我们无法对复杂语义群体行为进行详尽的人工标注。如何有效且自动地在缺乏标注的群体数据中理解复杂的语义信息、学习群体行为的特征、推断群体行为、预测群体意图是研究的一大挑战。

　　针对上述挑战涉及的目标跟踪定位、目标关系建模、群体表征自学习等多个问题,本书重点阐述了视频中群体行为特征挖掘技术,从多个层次对复杂语义群体行为进行分析与理解,涉及了单目标/多目标跟踪、群体行为识别方法以及群体表征自学习。具体包含以下研究方法。①鲁棒的多目标跟踪定位方法。以多目标检测与跟踪技术为基础,充分考虑特定场景中目标状态、运动的特殊性,归纳目标的时序动态变化规律,挖掘具有判别性的目标关联线索,建立鲁棒的多目标跟踪模型。

图 1-1　简单群体事件与复杂群体行为的对比

②基于环境上下文建模的目标状态表达方法。同时考虑目标本身的动作动态和与周围目标的交互上下文信息,丰富目标的状态表示,为行为分析提供轨迹、上下文、表观等基础表征信息。③自适应目标关系建模方法。利用拓扑网络结构对多个目标间、目标与场景间等多样的关联进行建模,并结合图卷积、注意力机制等技术挖掘群体行为中的主要语义信息和次要语义信息以及局部和全局的互补关系。④群体表征自学习方法。研究语义预测编码的自监督学习任务构造方式和多层次的监督信号的提取方式,以确保自监督任务的有效训练,建立自学习与自适应能力强的自监督模型,并将其用于多种行为分析任务,如群体行为识别或群体意图预测。

在技术研究方面,本书涉及的算法将有助于突破复杂语义群体行为的分析与理解中的瓶颈问题;有助于更鲁棒的目标跟踪模型的研究,以适应复杂场景、复杂状态等现实条件;有助于强泛化能力的视频表征模型的研究,开辟复杂语义建模、多模态数据建模等新思路;有助于深化自监督学习问题的理解并推动自学习分析技术的发展。同时相关算法将契合新形势下国家公共安全、体育和国防安全等国家重大需求,开拓更广阔的应用场景,推动新一代人工智能产业的发展。

在场景应用方面,本书所涉及的视频分析技术在复杂的对抗、战略指挥场景中具有极大的应用潜力。如在各类群体比赛中,通过对复杂的群体战术进行智能分析,为提高运动员的竞技能力、教练员的执教能力提供新的高科技手段,可极大地提升体育竞技的智能化程度,是建设体育强国不可或缺的一部分。随着新时代的发展,国际形势复杂多变,而提升军队的作战能力是国防安全的核心。通过对复杂战争策略分析,精确地剖析军事作战过程,预测敌方的作战意图,在作战中抢占先机,可辅助指挥决策和智能化训练,提升我军的智能化作战水平。本书以体育比赛与日常监控为主要场景进行算法的设计与验证,总结群体行为算法的一般规律和通用特征,并在未来逐步推广到其他场景,如军事的兵棋推演场景、微生物群聚与激发场景等。

本书从目标跟踪、个体行为分析到群体行为分析的多个层次,为读者展示了视频分析技术的全貌,帮助读者理解视频分析中的关键问题和解决方案,为科研工作提供思路。本书共有 10 个章节,第 1 章介绍了本书的研究背景与意义,总结了现阶段方法面临的挑战,阐述了本书涉及的研究目标和研究内容。第 2 章综述了视频分析的国内外研究现状,主要介绍了当前国际上主流的数据库和群体行为识别方法,并对其分门别类地进行了总结。第 3 章介绍了一种针对单目标的行为识别方法,结合单目标跟踪与行为识别两个任务,对特定目标进行协同分析。第 4 章针对多目标跟踪任务,介绍了一种基于长时间动作线索的多运动员跟踪方法。第 5 章、第 6 章和第 7 章详细介绍了在监督条件下的复杂语义群体行为识别方法,包括基于自适应性目标关系建模的群体战术识别方法和基于多尺度交叉距离 Transformer 模型的群体行为识别方法。第 8 章和第 9 章介绍了无监督条件下的群体行为识别方法,第 10 章总结了本书的研究工作,并对未来的研究工作做出了展望。

第 2 章

国内外研究现状

本章主要介绍视频分析技术的国内外研究现状,围绕视频行为识别、多目标跟踪、群体行为识别等任务,综述并分析了典型的方法。

2.1 行为识别方法

本节将介绍现有的行为识别方法,主要包括流行的行为识别基准数据库(基准库)、传统的行为识别方法和基于深度学习的行为识别方法。

2.1.1 行为识别数据库

在过去的几十年里,研究者发布了诸多基准库,以衡量行为识别算法的行为识别精度。数据库的发展从侧面见证了行为识别方法的发展。早期的大部分数据库数据在受限的环境下采集(例如 KTH[8] 和 Weizmann[9]),大多场景简单,目标单一,例如固定摄像机下的单人行走行为。后来,一些更有挑战性的、在非受限环境下采集的更大规模的数据库数据被共享。其中,UCF101[10] 和 HMDB51[11] 是两个最常用的人体行为识别数据库。UCF101 包括 5 大类日常人类动作,即人和物体交互、肢体动作、人与人交互、演奏乐器以及各类运动,共包含 13 320 个视频样本、101 个子类别,且每个样本都是切分好的动作片段。HMDB51 包含面部动作、对象操作、身体动作、交互动作和人体动作 5 大类别,共有 51 个子类别、6 849 个时序切分好的样本。此外,很多数据库聚焦体育场景,例如 UCF Sports[12]、Sports-1M[13]、UIUC2[14] 等。其中,数据库规模较大的 Sports-1M 包含了 100 万个视频样本,包括 487 种体育项目。

2.1.2　传统的行为识别方法

传统行为识别方法的流程大致分为动作表征、动作建模与分类。动作表征可分为低层局部特征(如轨迹特征、时空关键点特征等)和高层语义特征(如人体姿态、动作银行等)。

1. 低层局部特征

(1) 轨迹特征

早期的轨迹特征中的轨迹是指在人体做某种行为过程中关键部位的运动轨迹,是一种直观的表示。一些研究首先利用人体姿态估计技术(例如线条图模型[15-16]和可变形部件模型[17-18])来估计帧级别的人体关节点的粗略位置,然后通过描述关节位置的变化轨迹来构建特征。但是在复杂场景下,由于物体检测误差较大,上述轨迹特征也不够准确。鉴于此,一些研究尝试使用光流特征来提取视频中的轨迹信息[19-23]。此时的轨迹不再是关键部位的运动轨迹,而是图像像素级的运动轨迹。Wang 等人[19-20]受密集采样方法的启发,提出了利用密集轨迹(Dense Trajectories,DT)来描述视频内容,并利用方向梯度直方图(Histogram of Oriented Gradient,HOG)、运动边界直方图(Motion Boundary Histogram,MBH)和光流方向信息直方图(Histogram of Oriented Optical Flow,HOF)来描述密集光流特征。随后,Wang 等人[22]又在此基础上进行改进,移除摄像机移动噪声,提出了新的密集光流特征并取得了有效的识别效果,但是其缺点在于光流特征难以准确获取,计算成本比较高。

(2) 时空特征

时空特征可以分为两大类,即全局特征和局部特征。全局特征是把对象当作一个整体,采用的是自顶向下的表示方法,在此种情况下,对于视频中的人体,需要先对其采用背景减除或者目标跟踪等算法进行定位,然后将其对应到二维或者三维模板上形成全局特征。Bobick 等人[24]采用人体轮廓来描述行为信息,即首先使用背景减除方法获取轮廓,然后根据轮廓构建运动能量图(Motion Energy Image,MEI)和运动历史图(Motion History Image,MHI)两种信息表示行为,最后基于马氏距离评判行为所属类别。该方法除了关注运动发生的空间位置外,还体现了运动的时间先后顺序。Chuang 等人[25]通过分析星形骨架,描述基线之间的夹角来提取人体轮廓,这些基线从人体的手、脚、头等关键部位的中心延长,直到覆盖人体的全部轮廓。Wang 等人[26]同时利用剪影信息和轮廓信息来描述行为,前者是基于轮廓的平均运动形状来描述行为,后者是基于运动前景的平均能量来描述行为。全局特征包含了丰富的人体信息,在受限条件下表现较好,但其依赖于底层的视觉处理,比如背景减除、人体定位和跟踪。而这些处理过程本身也是计算机视觉中的难点,尤其在视角变化、遮挡、人体定位不够精确的情况下,全局特征对于人体区域的噪声与误差非常敏感。

鉴于全局特征的实用性不强,越来越多的研究者倾向于使用局部特征来表示行为。局部特征在相对独立的局部图像块上提取,是一种从底而上的表示方法。一般的做法是先提取视频中的时空兴趣点,然后在时空兴趣点的周围提取相应的图像块,最后分别描述这些图像块,并将其融合,形成整体行为的描述。局部特征的优点是其不依赖于底层的人体分割定位和跟踪,对噪声、形变的鲁棒性高,但需要提取大量且稳定的与行为类别相关的时空兴趣点,预处理过程较为费时。Gorelick 等人[9]首次从视频序列中的剪影信息中得到 3D 时空体(Spatio-Temporal Volume,STV)描述子,其中,泊松方程用于分析局部时空显著点及其方向,然后根据显著点计算得到局部特征,加权后得到整体的行为特征描述。由于时空关键点往往出现在视频运动的突变中,因此,当人体进行平移直线运动或者匀速运动时,这些特征点就很难被检测出来。为了解决这个问题,Laptev 等人[27]将 Harris 角点扩展到三维空间中,这样时空特征点邻域的像素值在时间和空间中都有显著的变化,从而提高时空关键点的检测效果。另外,在该算法中,邻域块的尺度能够自适应时间维和空间维。Scovanner 等人[28]利用子直方图在三维空间上编码局部信息,构造出了三维的尺度不变特征(3D Scale Invariant Feature Transform,3D-SIFT)描述子。

2. 高层语义特征

相比于低层局部特征,高层语义特征含有丰富的语义信息,如人体姿态[29]、动作银行(Action Bank)[30]、动作后果(Action Consequences)[31-32]。人体行为可以看作姿态变化的结果,姿态可以由人体关节点信息表征或由数据挖掘的方法发掘,姿态结合具体的变化表征模型则可得到动作的高层语义表征。Singh 和 Nevatia[33]提出了一种基于关键姿态的行为识别方法,其将动作跟踪和动作识别结合,把人体行为表示为关键姿态的变换序列。该方法采用一种树形结构,能够克服姿态遮挡和杂乱的动态背景的影响,且不需要姿态轮廓图的辅助,因此提升了人体姿态定位的精度。另外,在行为建模方面,其利用条件随机场将二维标注数据转换到三维空间中,以提高表征能力。Wang 等人[34]利用人体关节点对人体姿态结构进行建模,进一步挖掘了在时间维度上的演化信息。其首先基于单帧图像获取人体关节点的位置,然后将关节点聚类为 5 个人体部位,并在空域和时域中得到姿态共生序列,从而得到更为鲁棒的行为表征。

3. 动作建模与分类

在得到行为的表征后,还要根据其进行动作建模与分类。视频中的动作建模与分类问题可以看作时序变化的数据分类问题,即将表征序列归入已知的特定动作类别中,同时要缓和同类行为运动模式的多样性以及提高不同类别的区分性。现阶段主流的动作建模与识别方法包括基于模板匹配的方法和基于概率模型的方法。其中,基于模板匹配的方法又可以分为传统模板匹配方法[35-36]和动态时间规整方法[37-38]。传统模板匹配首先需要手动选取若干个行为样本的模板;其次对模板进行特征提取,例如轨迹特征、时空特征或者高层表征;再次采用相同的方法获取待识别行为特征;最后计算待识别动作与模板动作之间的距离(如欧氏距离、马氏距离)并进行分类。动态时间规整主要用于比较两个长度不同时间序列的相似度,其被广泛应用于语音识别、信息检索等方面。实际上,在人体行为分类中,不同行为的持续时间也会有所差别,因此动态时间规整算法也同样适用。

除了基于模板匹配的方法,基于概率模型的方法也是常见的识别方法。概率模型把行为表示成一个连续的状态序列,且每个状态都有相应的表示。流行的方法包括隐马尔可夫模型(Hidden Markov Model,HMM)、动态贝叶斯网络(Dynamic Bayesian Network,DBN)等生成式模型和支持向量机(Support Vector Machine,SVM)、线性判别分析(Linear Discriminant Analysis,LDA)等判别式模型。

2.1.3　基于深度学习的行为识别方法

近十几年来,深度学习在计算机视觉的诸多方面,特别是图像表征方面,取得了令人瞩目的成绩[39-44]。基于此,许多学者尝试采用深度学习的方法解决视频中的人体动作识别问题。早期的一些研究试图使用卷积神经网络(Convolutional Neural Network,CNN)直接处理视频帧或者帧序列。Karpathy 等人[13]设计了多种基于 2D 卷积神经网络的结构来融合连续帧的时序信息,并以连续帧作为网络的输入。其中,单帧(Single Frame)模型使用单结构的神经网络独立提取单帧的特征,并在最后阶段进行融合;后融合(Late Fusion)模型使用两个共享参数的网络结构,提取有一定间隔的视频帧,仍然在最后阶段进行融合;早融合(Early Fusion)模型修改第一层网络结构使其同时处理多个视频帧;慢融合(Slow Fusion)模型则使用多级别的融合,是早融合和后融合的折中版本。对于最后的预测,多个视频块从整个视频中抽样获取,并分别进行预测,最后的得分为其均值。

但是上述几种网络未实现预期性能,在 UCF101 数据库上的识别精度都未超过 70%,甚至不如基于手工特征的识别结果。考虑数据的规模较小,不足以训练较大的模型,作者收集了更大规模的体育视频数据库 Sports-1M 数据,然而经过迁移学习之后,结果仍然不够理想。此后相关研究人员希望在视频分类任务上提升深度学习的能力。由于二维卷积并不能很好地捕捉运动信息,因此一些研究开始尝试使用三维卷积。一个比较成功的方法是 Facebook 公司发布的 C3D[45]，其将二维卷积推广到三维，即把 VGG 网络[165]中 3×3 的卷积核提升为 $3\times3\times3$，实现真正的三维卷积和三维池化操作，并且在人体动作识别等多个视频分析任务上取得了不错的效果。

Simonyan 和 Zisserman[46]提出了一种更加直接的、可以捕捉运动信息的网络结构，即双流卷积神经网络（Two-Stream CNN），其在行为识别问题上首次取得了可以与手工特征相媲美的识别结果。该方法直接将光流信息作为网络的输入来捕捉运动信息，即首先从视频中提取出光流，并将光流信息分解为 x 方向和 y 方向的两个图像序列；然后分别对普通视频图像和光流图像训练卷积神经网络；最后融合普通视频和光流的两种识别结果并将其作为最终结果。

不过这种方法仅仅操作了一帧周围的短时片段，对时间上下文的捕捉能力有限，而人体行为中的长时演化现象十分常见。为了捕捉长时间的时序信息，Wang 等人[47]提出了时序片段网络（Temporal Segment Networks，TSN）。该方法首先采用稀疏时间采样策略（Sparse Temporal Sampling Strategy）在长时序上采样视频片段；然后使用双流结构提取片段特征并预测分数；最后对多个片段的分类得分进行融合并将其作为视频分类结果。由于利用了长时间的时序信息，时序片段网络相对于普通的双流网络，其识别精度得到了显著提高。

受递归神经网络在自然语言处理任务上取得成功的启发，一些研究采用了递归神经网络[48]来完成视频动作识别任务。常见的方法是首先使用卷积神经网络提取图像帧的特征，然后把抽取的特征送到长短时记忆（LSTM）网络中进行时序建模，该网络也成为许多视频文字（Video Caption）生成工作的基础。研究者们在行为建模时更加关注视频的时序信息，并取得了一定的成绩。Feichtenhorfer 等人[49]发现在视频时序变化过程中，视频帧通常包含变化缓慢的静态区域和变化快速的动态区域，两者对于行为都非常重要。鉴于此，作者提出使用一个重量级的慢速高分辨率网络来分析视频中静态内容，同时使用一个轻量级的快速低分辨率网络来分析视频中动态内容的方法。此方法可类比于灵长类动物的视网膜神经节，在视网膜神经节中，大约有 80% 的细胞以低频运作，可以识别细节，而余下大约 20% 的细胞则以高频运作，负责响应快速变化。该方法获得了当时最高的行为识别精度。受该方法的启发，Meng 等人[50]提出了一种自适应分辨率网络。在未修剪的长视频中，可以即时选择最佳分辨率进行有效的动作识别，以在降低模型复杂度的同时保证识别精度。其中，分辨率由一个策略网络获得，其包括一个特征提取模块和一个长短时记忆网络。当前许多行为识别模型大都使用三维卷积神经网络（例如 I3D）生成局部时空特征，但是此类方法无法对片段级别的时间演化信息进行建模。Li 等人[51]构建了一种与通道无关的定向卷积操作，该操作可以学习局部特征之间的时间演化。他们通过应用多个此种操作构建了一个轻量级的网络，该网络可以对片段级动态演化进行有效建模且取得了较好的结果。此外,得益于特征金字塔的网络结构在目标检测任务上的成功,Yang 等人[52] 提出了一个通用的时间金字塔网络(Temporal Pyramid Network,TPN),其可以通过即插即用的方式灵活地集成到其他的骨干网络中,以增强多尺度表达,在行为识别任务上具有有效性。

2.2　多目标跟踪方法

目前,绝大多数的多目标跟踪方法都是基于目标检测的跟踪。目标检测是从图像中定位指定类型的目标及其边界的一种技术。在深度学习兴起之前,目标检测算法的构建大多基于手工特征,其对目标的表达能力有限。大多数相关研究的重点都在设计更多元化的目标检测算法来弥补手工特征的缺陷。同时面对有限的计算资源,需要设计更加精巧的计算方法来加速模型的构建。经典的目标检测算法包括基于 Haar 角点和 AdaBoost 算法的检测方法、基于梯度方向直方图的检测方法以及基于可变形部件模型(Deformable Part Model,DPM)的检测方法。近十年来,深度学习得到了飞速的发展,以深度卷积神经网络为代表的深度学习模型在图像分类任务、目标检测任务上都取得了优异的成绩。在目标检测任务上,主流的方法包括两阶段检测方法的 Faster RCNN[53] 和单阶段检测方法的 YOLO[54]、SSD[55]。目标检测精度的提高可以提升时序上目标的匹配精度,进而提高多目标跟踪的精度。

近十年来,多目标跟踪研究领域也涌现了许多多目标跟踪基准库,例如PET[56]、MOTChallenge[57] 和 UA-DETRAC[58]。这些基准库针对的多是监控场景下的行人、车辆跟踪。另外,这些基准库在很大程度上推动了多目标跟踪问题的发展,许多方法相继被提出,多目标跟踪性能不断提高。基于是否利用当前帧后续时刻的信息,多目标跟踪方法大致可以分为两大类:在线多目标跟踪方法[59-64] 和离线多目标跟踪方法[65-69]。在线多目标跟踪方法一般具有较高的计算效率和实时性,其能够应用于一些实时性要求较高的应用中。在线多目标跟踪方法一般使用单向连接方法,由于缺少全局信息,其对遮挡和检测错误比较敏感。Breitenstein 等人[70] 提出了一种基于检测的粒子滤波跟踪算法,相比于其他目标跟踪算法,该算法仅采用最高置信度,并引入了历史帧中行人检测的连续置信度,从而提高了跟踪准确度。该算法利用了长时间的历史信息纠正误差,从而解决了在检测器发生错误时容易发生跟踪失败的问题。Khaz 等人[71] 提出了一种解决目标交互的粒子滤波跟踪框架,其基于马尔可夫随机场的目标运动模型以辅助目标的识别,进而显著地减少了身份变化的现象。另外,在粒子滤波的采样部分采用了新型的蒙特卡洛采样方法,该方法比以往的基于权重的采样方式表现更好。

虽然在线匹配更加有效率,但是基于数据关联的离线多目标跟踪方法对复杂情况更为鲁棒。早期研究中,离线多目标跟踪方法将检测框匹配问题建模为图模型,并用全局最优化的方法求解,例如 DP_NMS[65] 使用 K 最短路径的方法、ELP[67] 使用最小化网络流的方法、DCO_X[68] 使用条件随机场的方法。相对于之前更关注优化的方法,近些年来的方法则更关注如何提高检测框之间的匹配能力,而此类目标表征方法包括表观特征、稀疏模型和光流模型[72-73],同时展示了其在跟踪任务上的有效性。

最近五年中,一些研究尝试将深度学习用于多目标跟踪。一种思路是使用深度递归神经网络在一个较长的时间片段中同时提取表观、运动和互动线索,并完成目标关联,如文献[47]中提出的基于长短时记忆网络的匹配方案。另一种思路是使用深度学习预测检测框之间的匹配分数,配合离线优化算法完成跟踪,该类方法在多目标跟踪问题上取得了显著的进展。文献[75]介绍了一种新颖的方法来处理行人跟踪环境下的数据关联任务,即通过引入两阶段学习方案来匹配检测对。该方案首先融合一对目标的表观和光流信息组成多通道数据,并基于此训练孪生卷积神经网络来预测目标的匹配程度。然后根据目标的相对位置关系构建上下文特征,与深度网络产生的特征相结合,通过梯度上升分类器(Gradient Boosting Classifier)产生最终的匹配概率。基于匹配概率,该方案使用基于线性规划的多人跟踪器来获得最终的跟踪结果。为了进一步提高检测框之间的匹配能力,文献[69]设计并训练了融合人体姿势信息的深度神经网络来进行行人重识别。这样能够通过外表特征更加准确地识别同一目标,并将时间间隔较大的目标关联起来。

文献[76]提出了一种深度学习特征与多假设匹配相结合的方法,其具有较好的跟踪效果。文献[77]提出单目标跟踪和多目标跟踪相结合的方法,其融合了两者的优点,取得了较好的结果。但是,上述方法大多基于表观、运动的目标之间的相似度,需要采用额外的深度神经网络建模,因此计算复杂度会增加。现有的多目标跟踪方法在检测匹配阶段大多采用传统的优化匹配方式,很少采用深度学习匹配方法,一个可能的原因是分阶段的深度匹配模型难以优化。Braso 等人[78]借鉴了传统的网络流方法,并基于消息传递网络(Message Passing Networks,MPNs)定义了一个完全可微分的框架。该框架可以不拘泥于额外的特征提取,将其和目标匹配综合在一起,直接得到跟踪结果。

综上所述,现有的多目标跟踪方法更加关注监控场景下的行人跟踪或者车辆跟踪。这些目标往往具有比较稳定的姿态和易于分辨的外观。但这些方法不适用于复杂场景中状态复杂的目标跟踪,例如在体育场景中,运动员外观极为相似,姿态变化巨大,相互遮挡频繁,很难进行目标的匹配和跟踪。

2.3 群体行为识别方法

群体行为识别在安全监控、体育视频分析等方面具有广泛的应用,因此吸引了众多研究者,尤其是计算机视觉研究人员。本节将概述群体行为识别的主流方法。首先,对群体行为的数据库进行介绍;其次,综述主流的群体行为识别方法,包括基于手工特征的方法和基于深度学习的方法;最后,对这些方法进行总结与分析,并指出现有方法面临的问题以及未来可能的研究方向。

2.3.1 群体行为数据库

众所周知,公开的数据库可以为智能算法提供公平的评估标准,从而更好地帮助我们了解每种算法的优缺点。因此,构建群体行为数据库对促进群体行为识别算法的发展起着至关重要的作用。与视频行为识别的数据库相比,针对群体行为的数据库较少,且大多数都隶属于监控视频或体育视频。其中监控数据库的数据大多数是在校园或街道等实际环境中收集的,其样本通常由静止或者运动的摄像机记录,一般会包含较为复杂的背景和人物遮挡。常用的监控数据库有 Collective Activity[1]、New Collective Activity[79]、UCLA[80]、Nursing[81] 等。这些监控数据库涵盖了街道场景、医院场景、校园场景等日常场景,涉及的群体行为包括走路、交谈、跳舞、追逐等。从此类样本中,我们可以观察到监控数据库中的群体行为较为简单,群体目标之间的交互信息较少,大部分的群体行为仅依赖于个体的动作,如走路、排队。

体育数据库的数据通常是从比赛录像中收集的,如冰球比赛、篮球比赛、排球比赛等。大多数情况下,用于记录此类比赛的摄像机会随着某些特定事件的发生而移动。与监控数据库相比,体育数据库中群体目标间的交互信息更复杂。此外,有些体育比赛中的群体行为通常由少数运动员决定,如排球比赛中的扣球行为主要由扣球运动员和拦网运动员决定。对于冰球比赛,典型的数据库为 Broadcast Field[82],它有 58 个视频序列,包括 11 个个体动作(传球、运球、射门、接球、铲球、准备、站立、慢跑、跑动、步行和扑救)以及 3 个群体事件(进攻、任意球和罚角球)。对于篮球比赛,NCAA 数据库[83]从 YouTube 视频网站上收集了 257 场 NCAA 篮球比赛,并提供了剪辑版本和未剪辑版本。每个未剪辑的视频长达 1.5h,对于剪辑后的样本,数据库约定取投篮后的 4s。该数据库定义了 11 个关键事件,包括 5 种类型的投篮,且每种投篮都可能成功或失败。同样关注篮球比赛的 NBA 数据库[84]是目前最大的群体行为分析数据库,其与传统的群体行为识别任务不同,该数据库提出了一种新的任务,即弱监督群体行为识别,即未提供个体级别的标注信息。Volleyball 数据库[2]聚焦的是排球比赛,是一个更具挑战性的数据库,其规模大,交互复杂,球员动作迅速,因此受到了大多数研究者的青睐。Volleyball 数据库的数据是从 YouTube 上可用的排球比赛视频中收集的,每个剪辑仅在中间帧中进行注释,其中每个运动员都被一个带有单独动作的边界框标记,每个样本都提供了一个群体行为类别,共有 8 个群体类别和 8 个单独的个体动作。上述大部分体育数据库关注的都是比赛中的瞬时事件,例如得分、扣球等,同时这些事件在很大程度上依赖于关键球员。与上述体育数据库不同,VolleyTactic 数据库关注的是一种更加复杂的群体行为,即战术行为。显然,战术行为包含了更加丰富的细节,有运动员之间长时间的、复杂的配合。例如拉开与强攻由接发球开始,在较远的进攻球员扣杀后结束,期间伴随着掩护球员的假动作。该数据库定义了包含具有专业知识的战术类别,如强攻(Smash)、拉开(Open)、交叉(Cross)、立体(Space),面临着如较大的样本之间的变化、运动员之间长时间的配合等诸多挑战。

2.3.2　传统的群体行为识别方法

群体行为识别方法可大致分为传统的方法和基于深度学习的方法,前者倾向于构建手工时空描述符,而后者大多基于可端到端训练的深度模型。下面将分别介绍这两类群体行为识别方法。

在深度学习取得巨大成功之前,大部分研究者倾向于从个体或周围场景中提取局部描述符来描述群体行为中的上下文信息,并对群体行为的演变进行建模。Choi 等人[1]提出了一种时空局部描述符(Spatio-Temporal Local Descriptor, STL Descriptor)来计算个体的位置、姿势和运动信息的时空分布。该描述符以某个特定的个体为中心,捕获周围个体的直方图及其在不同时空体中的姿势和运动信息。后来,Choi 等人[79]扩展了 STL 描述符,并提出了随机时空体积(Random Spatio-Temporal Volume, RSTV)表示方法。该方法建立在随机森林结构的基础上,对时空体积的部分判别区域进行随机采样以建模行为特征。同时,它可以自动优化时空体的超参数,从而提高算法的识别能力。Lan 等人[86]提出了动作上下文(Action Context)描述符,该描述符捕捉的是特定个体以及附近其他人的动作。实验结果表明,该描述符在监控场景下的复杂行为识别中表现优秀。然而,该描述符对视角的变化较为敏感。为了解决这个问题,Kaneko 等人[87]提出了相对动作上下文(Relative Action Context)描述符,该描述符对目标的相对关系进行编码,并且对视点的变化更为鲁棒。为了使高层级的推理模型可以利用更多的低层特征,Amer 和 Todorovic[88]引入了一种基于词袋模型的中级特征描述符(Bags Of the Right Detections,BORDs),旨在发现参与群体行为中的有效个体,并去除群体中不相关的目标。BORDs 本质上是一个人体姿势的直方图,其中相关的个体与不相关的个体一同参与运算。

　　以上群体行为识别方法在很大程度上依赖于检测器的准确性,但是检测器在密集的人群场景中可能因遮挡而检测失败。为此,Nabi 等人[89]提出了一种可随时间变化的时空语义描述符,该描述符可以不依赖于目标检测结果,并且在人群拥挤的情况下可对人体运动交互进行建模。实验结果表明,该描述符可以有效地在复杂的真实场景中处理群体行为识别和定位问题。后来,Lan 等人[90]通过引入分层交互模型与自适应交互结构机制,自动地搜索更加合理的结构以推断群体行为。其中,群体目标间的互动信息只建立在相关人员的子集之间,而不是全局地建模目标交互信息,如此便突出了关键的语义信息并提高了识别能力。Kaneko 等人[91]提出利用全连接的条件随机场来集成多种类型的个体特征,如位置、大小和运动信息等,因此,该模型可以处理不同类型、不同容量的群体子组。Chang 等人[92]专注于建模目标之间的互动信息,利用成对的个体特征,建立了一种一对一的关系模型。其中交互模式由邻接关系矩阵决定,并通过最大化交互响应来优化模型。与此同时,大量研究结果表明了图模型及其变体是群体行为识别的有力工具。例如,Amer 等人[80]提出了一种基于图的交互方法,使用与或图对场景中同时发生的个体动作和群体行为进行建模,同时配合探索与利用策略进行高效的图推理。文献[93]进一步提出了一种分层的时空与或图结构,该结构可以同时对个体行动、群体行为以及群体行为中个体行动的关系进行建模。后来,Amer 等人[94]提出了具有层次随机场的图模型,旨在提取视频中的时空特征并捕获长时间的视频语义相关性。Lan 等人[82]利用社会角色模型来补充图框架中低级别个体和高级别事件的语义特征。在该模型中,最低级别基于个体特征向量,即对个体动作进行建模,中间级别则根据个体的社会角色以及个体之间的上下文交互信息进行建模,最后在模型的顶层推断出群体级别的事件。Zhao 等人[95]观察发现,现有的大多数方法都假设群体目标有相同的行为标签,忽略了在某些场景中共存的多种行为。而在许多情况下,这个线索可以进一步突出上下文特征。为此,他们提出了一个由多个上下文模型组成的统一的判别式学习框架,该框架考虑了群体目标之间的组内互动和组间互动,且可以通过分别计算场景中的个人行为来分类。Hajimirsadeghi 等人[96]开发了一种基于多实例模型的概率结构化核方法来推断目标基数关系,这种方法可以减少不相关个体造成的行为识别混淆。结果表明,对基数关系进行编码可以显著提高群组行为分类的性能。传统的群体行为识别方法提供了成熟的人工设计特征来建模视频时空关系,如时空直方图描述符、概率图模型等。但是手工特征受限于浅层表示,不具备抽象更加复杂信息的能力。

2.3.3　基于深度学习的群体行为识别方法

随着深度学习在计算机视觉、自然语言处理等领域大获成功,绝大部分的研究者开始研究基于深度学习的群体行为识别方法,并取得了优于传统基于手工特征方法的效果。下面将综述基于深度学习的群体行为识别方法,并将其分成 3 种类别:层级动态建模方法、关系建模方法、跟踪检测统一建模识别框架。

1. 层级动态建模方法

群体行为识别的挑战是如何设计适当的网络,使学习算法能够区分与群体行为的空间和时间演变有关的高层语义信息。长短时记忆(LSTM)网络[6]是一种特殊类型的递归神经网络,在包括语音识别和图像描述生成在内的序列任务中取得了巨大成功。对于群体行为识别,一些研究人员试图应用 LSTM 网络来构建层次结构表示,以推断个人行动和群体行为。最早尝试此类做法的是 Ibrahim 等人[2],其提出了一种层次结构深度模型。该模型在第一阶段将个体级别的 LSTM 网络应用于每个个体,以对个体活动进行建模。在第二阶段,该模型采用组级 LSTM 网络来组合个体级信息,并形成用于群组活动的组级特征。该模型首次结合了深度 LSTM 网络框架来解决群体行为识别问题。除了人与人之间和人与群体之间的互动之外,群体行为通常与群体子组之间的相互作用有关。Wang 等人[4]在分层 LSTM 框架的基础上提出了一种多级交互上下文编码网络。该网络对三级交互进行建模,包括个体动态建模、个体交互建模和群体子组间交互建模。为丰富个体级功能,他们构建了一个上下文二进制编码器,对框架中的子动作进行编码。Shu 等人[97]认为现有的群体行为识别数据库太小,以至于无法训练稳健的 LSTM 框架。为了解决这个问题,他们提出了置信能量递归网络,通过结合置信测度和基于能量的模型来扩展层次 LSTM 框架,并取得了较好的效果。然而在群体行为中,不同个体行为往往共享相同的局部运动信息,这可能会导致分类错误。Gammulle 等人[98]首次尝试将生成对抗网络(Generative Adversarial Network,GAN)引入群体行为识别任务中,并提出了一种基于 LSTM 架构的多级序列生成对抗性网络。该网络不依赖于手动注释的个体动作,而是通过生成对抗网络自动学习与最终群体行为相关的个体动作。在生成对抗网络中,用个体级和场景级特征序列训练的生成器来学习动作表示,同时鉴别器用于执行群体行为的动作分类。

早期大多数基于 LSTM 网络的两阶段方法往往忽略了个体层面的行动和群体层面的活动会随着时间的推移而发生改变的现象。为此,Shu 等人[99]提出了一种基于 LSTM 网络的图 LSTM 模型,该模型对个体层面的行动和群体层面的活动进行联合建模。多个个体 LSTM 模型基于个体之间的交互对个体层面的行动进行建模。同时,群组 LSTM 模型对群体层面的活动进行建模,并将个体 LSTM 模型中的个体层面信息进行选择性地集成。

在群体行为识别任务中,通常情况下会有大量目标活跃在场景中,但是只有几个关键个体在为群体行为做出贡献,而其他可能为推断群体行为带来混乱信息的个体则无关紧要。由于缺乏群体行为识别数据库的关键个体注释,该问题可以定义为弱监督的重要个体检测。为了解决这个问题,一些模型中引入了注意力机制。Ramanathan 等人[83]致力于篮球事件检测,其制订了一个空间和时间注意力模型,以关注场景中的事件,并应用加权求和机制来提取个体特征,从而为群体事件检测提供更具判别性的特征。Yan 等人[100]观察到在整个群体配合过程中动作稳定或在某一时刻动作显著的参与者对群体行为的贡献更大。为了评估代表性的参与者长时间运动的平均运动强度,Yan 等人还对视频剪辑的光流图像进行叠加,并计算其平均强度,其中个体目标的运动强度是每个时间步长的注意力因子对应的隐藏状态的权重捕捉。

2. 关系建模方法

在群体行为识别中,建立人与人之间的关系并对时序关系进行推理,这对于识别更高层次的群体行为至关重要。然而,对人与人之间的相关关系进行建模极具挑战,因为只有个体动作标签和群体行为标签可利用,而没有可利用的交互信息的额外监督信息。

许多研究探讨了如何捕捉场景中目标及其关系的上下文信息。Deng 等人[101]通过多层感知机对场景中个体之间的互动及其关系进行建模,捕获了单个动作、组活动和场景标签的依赖性,提出了一种结构推理机,其由具有图形模型的深度卷积网络组成,并利用递归神经网络在场景中的个体之间传播信息。此外,该模型具有一个可训练的门控功能,以抑制场景中无关人员的影响。Qi 等人[102]提出了一种注意力语义递归神经网络,其中语义图由单词标签和视觉数据构建,个体动作和时间上下文信息通过结构 RNN 模型进行集成,个体之间的空间关系通过消息传递机制从语义图中推断。除此之外,Qi 等人还设计了个体级空间注意力和框架级时间注意力模块,该模块用于自动发现关键个体和关键语义信息。为了获得每个个体紧凑的关系表示,Ibrahim 和 Mori[103]开发了一种关系网络层,该关系网络层基于关系图来细化目标的关系表示。在关系网络层中,每对单独的特征都由共享的神经网络处理,并聚合成一个新的关系表示。通过堆叠多个关系网络层,该关系网络层可产出对交互的层次关系进行编码的、紧凑的群组表示。对于人与人之间的空间关系仍有不少的探索空间,为此,Azar 等人[104]提出了一种新的基于个体和群体行为的空间表示,其称为活动激活图。当前,图卷积网络(GCN)[7]已成为深度学习中的一个热门技术。GCN 已应用于计算机视觉的许多方面,如视频目标跟踪[105]和视频动作识别。归功于强大的目标关系建模能力,GCN 较为适合解决群体行为识别问题。其中,每个个体都可以被视为图中的一个节点。Wu 等人[106]将GCN 引入群体行为识别中。通过卷积神经网络提取个体层次特征,并基于个体之间的视觉相似性和空间位置距离建立目标关系图,再采用 GCN 对个体关系图进行关系推理,获取群组的关系特征。该方法极大地提升了群体行为识别的准确度。与此同时,Hu 等人[107]将深度强化学习应用到群体行为识别的关系学习中,通过建立语义关系图来对场景中的个体关系进行建模,采用基于马尔可夫决策过程的智能体来细化关系图,并使用门控单元执行相关的关系学习以及丢弃不相关的关系,同时关注视频中的关键帧。这一过程比较类似于时间注意机制。

受 Transformer[108]在计算机视觉领域取得巨大成功的启发,Gavrilyuk 等人[109]提出了一种 Actor-Transformer 网络。该网络依赖于自注意机制,允许网络自适应地提取与群体行为最相关的信息和关系。另外,该网络学习参与者之间的交互关系,并自适应地提取重要信息用于群体行为识别,以刷新识别的精确率。Li等人[5]采用一种基于 K-means 的聚类机制来拓展 Transformer,即 GroupFormer,使其能够建立组间和组内关系,丰富群体上下文信息。该方法取得了较为先进的性能。目前,实体之间的关系已被广泛用于各种计算机视觉任务,而各种关系推理方法也被引入了群体行为识别中,如 GCN 和 Transformer。基于深度学习的关系建模方法的优势在于其可以捕捉人与人之间的潜在互动和关系,从而有效地区分人与群体的活动。这类方法在日常场景和体育场景中的群体行为识别中取得了较好的结果。

3. 跟踪检测统一建模识别框架

视频中的群体行为识别通常包括多人检测、多人跟踪和活动识别。现有的大多数方法都将人体检测、跟踪和群体行为识别的建模分开,通常采用现成的人体检测和跟踪算法来对输入的视频序列进行预处理,而重点则在于设计一个高性能的结构模型来实现活动识别并进行分类。然而,这类方法有两个缺点:一是此类方法忽略了两个模块,即目标检测和群体行为分类之间的内部相关性,容易导致次优结果;二是检测器为个体提取的特征有助于推断群体行为,而它们都需要分别训练骨干网络以提取特征,这会导致产生额外的计算量。

Bagautdinov 等人[110]提出了一个统一的框架来解决上述问题。其利用全卷积网络输出的多尺度特征图来处理 3 项任务,即多人检测、个体动作识别和群体行为识别。此外,该团队设计了一种目标匹配机制,在连续帧中关联同一个人,并通过标准的 LSTM 网络在时域中融合特征。Zhang 等人[111]专注于缩短群体行为识别的推理时间。他们提出在端到端框架中同时执行人体检测和活动推理,并在该框架中利用共享骨干网络来提取特征。实验表明,该方法可以有效地过滤行动异常的个体,并且两项任务,即目标检测和群体行为识别可以互相促进。除此之外,他们还提出了一种潜在的关系建模方案,用于建立人与人之间和人与群体之间的互动关系。Zhuang 等人[112] 探索了一种新的群体行为识别表示,以避免群体行为识别严重依赖于人体检测和跟踪的准确性。他们还提出了一种差分递归卷积神经网络,该网络不需要将每个人的边界框作为输入,也不需要复杂的预处理步骤。且该网络与现有的特征提取和参数学习分离的方法不同,其联合优化了统一的深度学习框架,在单个神经网络中联合执行目标检测和群体行为识别,加快了算法的推理速度,使其更接近实际应用。然而,上述方法受限于多项任务的联合训练,无法达到令人较为满意的识别精度。

综合以上对群体行为识别的相关调研,不难看出,当前对复杂语义群体行为的研究还存在不足。一是现有的群体行为识别方法对复杂语义的挖掘不够充分,仅在简单的日常事件上验证了算法的有效性,对于复杂语义群体行为识别远远不够;二是现有的群体行为识别方法都极大地依赖于完整的行为动态信息,在观测数据受限的条件下,这些方法无法达到令人满意的性能;三是现有的群体行为识别方法大多数采用监督学习,依赖于大量的标注数据,在实际中,面向大量无标签数据时自学习能力不足。这些不足严重阻碍了复杂语义群体行为的理解与分析。

本 章 小 结

本章综述了近年来视频分析的相关研究工作,主要围绕视频行为识别、多目标跟踪、群体行为识别展开,并对广泛使用的数据库、传统的方法、基于深度学习的方法以及针对体育场景的方法进行逐一说明。对于行为识别,目前绝大多数的方法将其视作视频分类问题,面对的主要是以人为中心的普通生活场景。如第 1 章所述,有些特定场景中的目标行为较为复杂,行为识别更有挑战性,因此需要对特殊问题单独设计方案。现有的多目标跟踪方法同样也是针对普通场景下的目标(行人、车辆等),未能考虑状态复杂的目标所具有的特殊问题,如表观相似、频繁遮挡等。对于群体行为,在挖掘个体交互信息、场景语义信息等方面仍然有很大的空间。另外,目前比较专业的战术分析多是较为简单的轨迹获取和分类,仍然未考虑实际中专业的战术需求,因此仍需进一步探索更加精细的战术分析方法。

第3章

体育视频中运动员协同跟踪和
行为识别一体化框架

3.1 引　言

随着人工智能的发展,智能体育逐渐展现出了其巨大的市场潜力。与此同时,作为其中重要一环的体育视频分析越来越受到工业界和学术界的关注。体育视频分析涵盖了一系列的任务,例如运动员技战术数据统计、精彩时刻提取、计算机辅助裁判、自动解说、战术分析等。这可以为广大观众带来全新的观赛方式,为体育新闻媒体提供便捷的赛事数据,更重要的,也可以帮助运动员与教练员进行技战术分析,提升竞技水平。在这些任务中,目标跟踪与行为识别这两个基础问题扮演着关键角色。目标跟踪可以定义为给定一个初始的状态(在视频中初始状态往往是一个初始的目标包围框),根据这个初始状态预测目标在接下来的视频中的状态。跟踪结果一般可以用连续的跟踪框来表示,跟踪框越紧致地包裹住所跟踪的目标,则表明跟踪效果越好。行为识别是根据运动员在时序状态上的变化来估计运动员所做的技战术动作,其中,时序状态包含在目标的跟踪结果中。

实际上,已经有很多方法致力于研究普通场景下的单目标跟踪和行为识别。比较流行的单目标跟踪数据库有 VTB[113] 和 VOT[114],其涉及的目标包括车辆、瓶子等物体或者行人、动物等。相比于这些目标的跟踪,体育场景下的运动员跟踪有着自身特殊的挑战性。首先,运动员彼此的遮挡十分严重。虽然有一些方案被提出来以解决遮挡问题(例如使用额外的相机、使用深度信息等),但是这些方案下的遮挡严重程度远不如体育场景,因为运动员常常会身着非常相似的队服,且运动员的外形也极为相似。此外,运动员在比赛中常常会有非规律、快速地跑动,还可能会完成比较复杂的技战术动作,这将导致跟踪目标会有很大的形状变化和尺度变化。这些挑战使得体育场景下的运动员跟踪变得更加困难。

行为识别在过去的数十年间已经取得了长足发展,很多学者提出了若干种视频中的行为识别方法,并在一些流行的数据库上获得了较好的成绩,例如人体行为识别数据库 UCF101、HMDB 以及体育运动数据库 Sports-1M、UCF Sports 等。对于普通视频中的行为识别,绝大多数方法都是将其看作视频分类任务,即给定剪辑好的视频片段,并将其划分到某一事先定义好的动作类别中。UCF101 中大多数视频样本里面只包含单人的单项动作,如梳头、刷牙等。对于体育视频数据库,有的是给定视频识别所属体育项目,如 Sports-1M 中有篮球运动、足球运动等,其本质同样是视频分类任务。有的是分析单个运动员行为,如 UCF Sports 中多是一些单人运动(单人跳水、单人体操等),UIUC2 提供了单个羽毛球运动员的跟踪和行为识别任务。这些数据库中样本视频的背景都比较干净,且大多数是单人运动,没有其他目标的干扰,或者没有太大的尺度变化,因此行为识别任务被简化了。然而,实际的体育场景通常比较复杂,背景中一般会有观众,也会有其他相似的移动目标,且被识别目标还会有较大的尺度变化。这些问题都给行为识别带来了困难。更加重要的是,据我们所知,绝大部分的方法都是将目标跟踪与行为识别作为独立的问题来研究。但是事实上,它们的关联度很高。一方面,将两者统一起来可以在复杂的场景下针对特定的运动员进行分析,而不仅仅是识别动作类别。另一方面,行为识别的准确度在很大程度上取决于跟踪器是否能产生稳定的跟踪框。因此,应将目标跟踪与行为识别看作一个整合的框架,尤其是在体育场景的背景下,这样一个整合的框架将更加有意义。

本章将进一步探索现如今体育视频分析技术的研究动态,人们之所以没有将目标跟踪与行为识别当作一个整体来研究,是因为缺乏同时支撑两个任务的数据库。实际上,如上文所述,很多数据库仅支持单一任务,例如单目标跟踪数据库 VTB 和 VOT,行为识别数据库 UCF101 和 UCF Sports。UIUC2 是一个具有代表性的数据库,可以同时支持目标跟踪和行为识别,但是 UIUC2 数据库只在羽毛球单打视频序列上提供了行为的标注信息,而由于背景比较干净,简单的前景分割技术就可以近似跟踪结果。

为了弥补这一不足,本章首先建立了一个大规模且更加有挑战性的体育视频数据库,即 BeaVoll。它包含了若干场沙滩排球比赛视频,并针对其中特定的运动员做了跟踪框和行为类别的标注,来评估实用的目标跟踪与行为识别方法。其次提出了一个新的框架,在体育视频中同时可以做到对运动员的跟踪与行为识别。本章提出了一个尺度遮挡鲁棒的跟踪(Scaling and Occlusion Robust Tracker,SORT)方法来跟踪体育视频中的目标运动员。其借鉴了压缩跟踪(Compressive Tracking,CT)算法[115]的核心思想,不仅继承了该算法快速处理的优势,还在抵御遮挡和细化尺度两个方面进行了改进。此外,本章还提出了一种预先发现疑似遮挡目标、遮挡事后定位原始目标的策略,以有效地解决相似目标的遮挡丢失问题。为了应对尺度变化问题,本章在压缩跟踪算法的采样阶段引入了目标建议技术,其结合多尺度特征空间得到更紧致的目标包围框后将其当作新的候选框,以更加契合目标的尺度变化。此外,我们认为保留每一帧跟踪框的细节信息并将其在时序上结合起来对刻画单人行为非常重要。因此,本章提出了长时间区域导向的递归神经网络(Long-term Recurrent Region-guided Convolutional Network,LRRCN)模型来对运动员的行为进行建模。具体地,使用多尺度金字塔卷积神经网络(Spatial Pyramid Pooling Network,SPP-Net)来提取更鲁棒的空间特征,并使用LSTM递归神经网络来对行为的时序演变进行建模。相比于常规的卷积神经网络,SPP-Net可以接收不同尺度、形状的图像作为输入,也可以提取出适应运动员区域的描述符,在跟踪的区域序列上表现出了对于尺度变化的较高的鲁棒性。这些描述符随后输入LSTM网络中对时序变化进行建模,生成高阶的行为表征用于识别。

综上所述,本章在体育视频中运动员跟踪和行为识别方面主要有以下3点贡献。

① 建立了一个新的、大规模的、具有挑战性的体育视频数据库(BeaVoll),并对数十段沙滩排球视频进行了运动员的包围框和行为类别的标注。BeaVoll数据库同时支持目标跟踪和行为识别两个任务,可以在实际的体育场景下评估相关方法。

② 提出了一个尺度遮挡鲁棒的跟踪(SORT)方法,该方法在处理尺度变化和物体遮挡问题上具有良好的表现,可以产生比较稳定的运动员跟踪结果。

③ 针对技战术动作识别,提出了长时间区域导向的递归神经网络(LRRCN)模型,其基于跟踪结果可以有效地建模运动员的静态和动态线索,对目标的尺度变化具有鲁棒性,因此可以提升行为识别的能力。

我们将尺度遮挡鲁棒的跟踪器和LRRCN无缝地结合起来,形成一个有机的一体化框架,如图3-1所示,并在BeaVoll数据库、UIUC2数据库上做了验证。需要注意的是,在设计目标跟踪与行为识别方法时,遵循了高内聚、低耦合的原则,行为识别方法仅依赖于目标跟踪的结果,二者没有进行特殊的融合。实验结果表明所提出的框架在运动员跟踪与行为识别任务上具有契合性,且该框架的性能优于其他目标跟踪或者行为识别方法的性能。

本章后续内容安排如下。3.2节回顾相关任务的代表性方法。3.3节详细介绍新提出的体育数据库BeaVoll。3.4节和3.5节分别介绍所提出的目标跟踪和行为识别方法。3.6节对实验结果进行展示与分析。最后总结本章内容,并给出了本章的工作展望。

图3-1 彩图

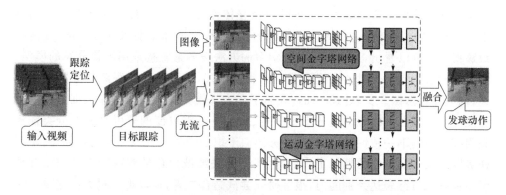

图 3-1　运动员协同跟踪和行为识别一体化框架示意图

3.2　相关工作

本节将回顾现有的、致力于目标跟踪与行为识别的方法和数据库。首先综述现阶段的普通目标、运动员跟踪方法,其次介绍流行的行为识别方法,以及结合了目标跟踪与行为识别的方法,最后综述相关任务的常用数据库。

3.2.1　目标跟踪

近二十年来,很多方法被提出来解决视频中的单目标跟踪问题,这些方法大体上包括两个模块:外观表征和模型更新。前者致力于更好地去表示目标的外观特征,提高与其他区域的区分性。经典的方法有整体模板法[116-117]、稀疏表示法[118-119]和判别表示法[120-122]等。后者旨在构建更好的目标变化,尤其是随着目标的运动其表观的变化规律。流行的方法有模板更新(Templae Update)法[123]、在线提升(Online Boosting)法[124]和子空间增量更新(Incremental Subspace Update)[125]。较新的研究结果表明,基于相关滤波(Correlation Filter,CF)的目标跟踪方法展现出了出色的水平。Danelljan 等人[126]采用判别相关滤波器(Discriminative Correlation Filters)并结合一些成熟的特征来解决尺度变化问题,提高了目标跟踪的性能。Bertinetto 等人[127]的成果表明,将一个简单的相关滤波器结合一些额外的线索并整合到一个岭回归的框架里面,可以极大地提高跟踪的速度,同时不损失太多的准确率。随着深度学习技术的发展,越来越多的跟踪方法尝试使用神经网络,并取得了不错的进展。Wang 等人[128]在一个辅助的微小图像数据库上训练了一个叠加式去噪自动编码器(Stacked Denoising Auto-Encoder,SDAE)来学习通用特征,提高外观的表达能力,并将其应用于在线目标跟踪中,取得了很好的结果。Fan 等人[129]把视频帧整体作为输入,将其输入深度神经网络中,并用一次前向计算去预测前景目标的热力图,这增加了前景的区分度,提高了跟踪精度。可以看出,这些基于深度学习的方法很多是直接采用图像分类的模型,将神经网络作为一个黑盒来提取目标的表观特征,并没有针对跟踪任务特殊地设计、训练神经网络。文献[130-131]证明了在大规模图像分类数据库上训练出来的深度网络模型在目标跟踪任务上不一定适用,一个很可能的原因是图像分类任务和跟踪任务的不一致性,图像分类任务倾向于识别同类中表现不同的物体,而跟踪任务则是聚焦在特定的目标上。随后,考虑相关滤波出色的跟踪能力和深度神经网络良好的目标表达判别能力,很多研究尝试结合二者,也取得了很大的进展。例如,Valmadre 等人[132]将相关滤波器看作一个可微网络层,并将其结合到一个孪生网络(Siamese Network)中进行端到端的训练,在目标跟踪任务中取得了领先的成绩。实际上,后续的很多方法都参考了该方法的思路,并将其作为研究的新起点。上面所提到的目标跟踪方法都是在公共的数据库上验证的,例如 VIVID[133]和 CAVIAR[134],而这些目标跟踪方法可以应对这些数据库里面的许多挑战。文献[135-137]中的研究表明,可以通过一系列表观特征的结合以及线性、非线性运动模型的刻画处理遮挡和形变等问题。然而,就像在 3.1 节中提到的那样,将这些方法应用在体育视频上来跟踪运动员还存在很多问题。事实上,也有一少部分方法致力于体育视频中运动员的跟踪。文献[138-140]使用了粒子滤波(Particle Filter)来预测沙滩排球运动员的速度和位置。其首先利用混合高斯模型将前景和背景区分开,使得跟踪目标更加明确,但是当背景较为复杂时会增加分割难度,影响跟踪效果。目前,相对于普通视频中的目标跟踪,体育视频中运动员的跟踪还有很多尚未解决的问题。体育视频的特殊性更是增加了该任务的困难,但更大的困难往往蕴含着更大的价值,值得更进一步地探索。

3.2.2　行为识别

近几十年来,视频行为识别一直是非常热门的研究方向,因此涌现出了很多优秀的方法。这些方法大体上可以分为两大类,即传统方法和基于深度学习的方法。通常来讲,绝大部分的传统方法是局部动态描述子的统计特征[141,19,22]。其中,文献[22]提出的稠密轨迹线特征是一个代表性的方法,其表现出了优异的性能,且在很长的一段时间里,基于深度学习的方法都未能超越它。另外,轨迹线特征与深度特征互补还可以进一步提高动作识别性能。随后,基于深度学习的方法逐渐地成为主流方法。Simonyan 和 Zisserman[46]提出将运动信息作为网络的输入来获取动态特征,且取得了令人满意的结果。后续的很多方法都借鉴了类似的双流结构,并围绕如何更好地融合表观和运动两种信息展开研究。相比于基于图像的二维卷积神经网络可以捕捉表观信息,三维卷积神经网络用于捕捉动态信息被寄予了很大希望,但是三维卷积的参数量巨大,模型训练非常困难。

实际上,也有一些方法同时考虑了目标跟踪与行为识别。一般地,这类方法首先进行动作定位,即先检测出视频中运动的目标或者区域,然后再进行动作识别。Gall 等人[142]提出了一套基于霍夫森林(Hough Forests)算法的框架进行目标检测、目标跟踪与行为识别。该框架首先在每一帧上进行目标检测,然后使用粒子滤波来收集检测框进行跟踪,生成的跟踪片段用于行为识别。Gkioxari 等人[143]在 Faster RCNN 框架的基础上对行为进行帧级别的预测,检测出行为出现的区域,并在时序上将它们连接起来。然而这种方法会缺失视频的整体信息,导致行为混淆。为了解决这个问题,Weinzaepfel 等人[85]使用稠密轨迹线方法对每个跟踪片段打分,进一步提高了定位与识别精度。上面提到的这些方法应对的场景仍然是普通视频场景,这些场景一般比较简单(通常只有单个人、单种行为),前景和背景较易区分,而且行为的时序边界较明显。这些场景特点都降低了目标定位、跟踪和行为识别的难度。本章聚焦在更具挑战性的体育视频场景下的运动员目标跟踪与行为识别,其中会有多个表观相似的运动员同时出现,背景也会有更多的噪声,运动员的行为也不再是单一动作,而是在更长的时间上的频繁变化,难以明确其界限。

上文我们提到,现在很少有研究将目标跟踪和行为识别联系在一起的一个原因可能是现有数据库不同时支持这两个任务。对于目标跟踪,早期研究者通常使用私有的数据库来验证所提出的方法。Zhang 等人[115]提供了 3 个视频序列,包括冲浪、田径赛和骑车。Wu 等人[113]公开了一个数据库 VTB,其包括了之前公开的视频序列和一些新采集的序列。随后 VTB 与 VOT 成为两个流行的基准,可以在很多具有挑战性的条件下验证跟踪算法。然而,它们的序列时长比较短,大多数针对的是普通的常见目标,很少涵盖体育视频中的运动员目标,也不具有诸多挑战,例如大的尺度变化、相似目标的严重遮挡等。此外,这些数据库没有考虑行为识别任务。对于行为识别,研究者们首先在实验室环境下采集了环境受控的数据库,例如 KTH 数据库和 Weizmann 数据库。后来,更复杂的数据库被陆续地建立,例如 UCF101 和 HMDB51 数据库以及体育视频的行为识别数据库(如 UCF Sports 和 Sports-1M 数据库)。Tran 等人[14]收集的 UIUC2 数据库包含了 3 段羽毛球比赛视频,比较契合本书所关心的场景。然而,该数据库中行为的标注只针对单人比赛,没有考虑更具挑战性的多人比赛。Ibrahim 等人[2]提出了一种针对群体行为的排球数据库,但其超出了本章的研究范围。本章将体育视频中的运动员跟踪与行为识别结合在一起进行研究。为了阐明此问题,本章另外建立了一个新的数据库,即 BeaVoll,并在 3.3 节中对其进行详细介绍。

3.3 BeaVoll 数据库

如 3.2 节中提到的那样,大多数已有的数据库仅聚焦在目标跟踪或者行为识别任务上,少有同时支持两个任务的数据库。为了补齐这一短板,本书构建了一个新的数据库,即 BeaVoll,其可以同时支持验证两个任务。BeaVoll 数据库包含 30 个沙滩排球比赛视频片段,每一个片段持续 80～120s。这些视频由中国国家体育总局提供(所属的每场比赛都是世界级别的),通过球场底线的固定视角摄像头抓取,分辨率为 1 440×1 080,并且存在背景变化、光照变化、运动员尺度变化等特征。由于球场的两个底线有相同的摄像机配置,因此仅对近摄像机视角的半个球场进行分析。图 3-2 展示了 BeaVoll 数据库中的视频样例,在每一帧上,特定球员的包围框都进行了手动标记。

图 3-2 彩图

图 3-2 BeaVoll 数据库中的视频样例

为了验证行为识别方法,我们定义了 9 种典型的比赛常用的技战术行为类别。图 3-3 展示了 BeaVoll 数据库中行为类别的分布,其中包括发球(Serve)、垫球(Dig)、无动作(Non-Action)、传球(Pass)、扣球(Spike)、拦网(Block)、救球(Save)、行走(Walk)和跑动(Run)。相比于其他的行为识别数据库会提供剪辑好的行为片段,BeaVoll 数据库则直接在视频序列上使用滑动窗口的方法生成行为片段,并标记行为类别。本数据库一共由 4 216 个片段组成,每一个片段对应一个预先定义好的行为类别标签。有一些行为(例如无动作、行走)经常出现在比赛回合的间隙,因此出现的频率较其他行为要高。此外,一些行为有着很高的类间相似性,例如,扣球和拦网都是由起跳开始,但之后手部变化有所不同,如图 3-4 所示。

图 3-4 彩图

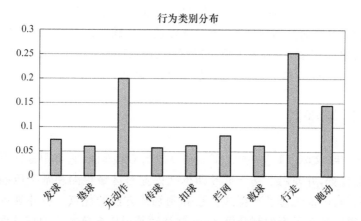

图 3-3　BeaVoll 数据库中行为类别的分布

图 3-4　BeaVoll 数据库中的行为样例

BeaVoll 数据库的特点可以总结为以下几点。

① BeaVoll 数据库面向体育场景,提供了大规模、高分辨率的体育视频,同时支持运动员跟踪与行为识别两个任务。

② 对于运动员跟踪任务,该数据库包含了体育场景下的诸多特殊挑战,例如快速地移动、大尺度的变化、表观十分相似和严重的遮挡,较其他数据库,其挑战类型更丰富、难度更大,能更有效地评估目标跟踪与行为识别方法在体育场景下的表现。

③ BeaVoll 数据库包含更面向实际应用的技战术行为识别,行为类别之间具有相似性,目标的尺度、姿态变化大,而且需要基于跟踪来定位目标,因此对识别算法有更高的要求。

3.4　尺度遮挡鲁棒的跟踪方法

与一般的目标跟踪相比,体育视频中运动员的跟踪受尺度变化大、频繁遮挡等问题的困扰。同时,跟踪速度也是衡量跟踪算法的一个重要指标。在综合权衡了较好的性能和较快的处理速度后,我们选择使用压缩跟踪(CT)作为基准,并对其进行了一系列的扩展,来应对所面临的问题,进而提出了尺度遮挡鲁棒的跟踪(SORT)方法。下面将首先回顾 CT 算法,然后详细介绍所提出的 SORT 方法。

3.4.1 压缩跟踪

在 2012 年,文献[115]中提出了一种高效的 CT 算法,它将跟踪问题转化为上下文检测的任务,并使用了基于贝叶斯框架的显著区域检测和基于压缩域特征的外观模型更新,因此综合了产生式方法和判别式方法的优点。在外观特征表示阶段,该算法提取出多尺度的判别性特征,并使用基于压缩感知论的信息保留和非适应降维(Non-adaptive Dimensionality Reduction)策略进行特征变换,使得原特征变得稀疏,从而提升计算效率。实际上,该算法证明了一小部分随机生成的线性组合就可以保留大部分的原始显著信息,因此可以高效地将原始特征进行重建,得到低维度的压缩特征对目标进行表征。在模型更新阶段,当目标在某一帧确定之后,该算法将在下一帧对应目标的区域周围根据交并比例采样若干正样本和负样本,并分别将其记为 b_{pos} 和 b_{neg}。然后使用最大相似性标准来确定当前的位置,同时更新分类器。特殊地,为了实时地捕捉表观特征的变化,正负样本将围绕跟踪目标,并在比较小的范围内进行采样。每一个候选目标可以表示为长度为 n 的特征 $v=(v_1,\cdots,v_n)^T$,其中的每个元素被看作服从独立同分布。使用贝叶斯分类器[144]可以建模为以下形式:

$$H(v) = \log\left(\frac{\prod_{i=1}^{n} p(v_i \mid y=1)}{\prod_{i=1}^{n} p(v_i \mid y=0)}\right) = \sum_{i=1}^{n}\log\left(\frac{p(v_i \mid y=1)}{p(v_i \mid y=0)}\right) \quad (3.1)$$

我们假设先验信息一致,即 $p(y=1)=p(y=0)$。$y\in\{0,1\}$ 是一个二值的数值,表示候选区域是否为正。H 代表贝叶斯分类器。公式(3.1)用于衡量样测区域,并计算出置信分数。其中分值最大的区域框被选择作为新的目标所处位置。在完成这一检测后,贝叶斯分类器将以新的正负样本进行更新,更新方式如下:

$$\text{update}(H(v), b_{pos}, b_{neg}) \quad (3.2)$$

3.4.2 尺度细化

为了应对尺度变化问题,CT 算法在候选目标上罗列了多个矩形滤波器,以提取多尺度信息。每个滤波后的特征整合成一个列向量,多个尺度的特征拼接在一起组成一个高维特征,用于表观表示。这种操作方式可以增强对尺度变化的鲁棒性。但是在体育视频中,运动员经常以非常快的速度奔跑,视频抖动非常剧烈,尺度变化大且快,而 CT 算法的候选矩形框是固定大小的,难以覆盖所跟踪目标的区域,所以多尺度特征往往不够精确。更重要的是,在 CT 算法里,候选矩形框是通过固定步长的滑动窗口方式获得的,有较大的计算量,因此也必须在精度和速度方面做出权衡,需要花费大量的精力来选择合适的步长。

为了克服这些缺点,我们使用了目标建议技术,其可以产生一些可能包含目标的窗口来改善候选矩形框。一方面,目标建议技术可以减少大量的低质量候选框;另一方面,目标建议技术可以适配目标尺度。具体地,本书采用了边界盒子(Edge Box,EB)方法来做目标建议,其拥有快速的目标建议速度和较低的计算复杂度。类似于 CT 算法的采样方式,EB 方法首先在跟踪目标周围稍微大的区域开始检测,然后统计其中的边界线来得出建议目标。相对于 CT 算法得出的固定大小的候选框,由 EB 方法计算出的目标建议框有着不同的尺寸,能够更好地适配目标的尺度。接下来则类似于 CT 算法,选出距离跟踪目标较近的建议目标,将其标准化并提取多尺度特征。最后估计出最大似然的候选框并将其作为下一帧的位置。图 3-5 展示了这一尺度细化过程(绿色框为 CT 候选框,红色框为 EB 候选框)。

图 3-5 彩图

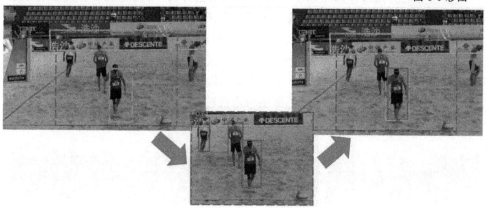

图 3-5 SORT 中的尺度细化过程

3.4.3 遮挡恢复

得益于 Haar-like 特征出色的判别能力,CT 相比于其他流行的方法,例如 MIL-Tracker[145] 和 Struck[146],对于遮挡的情况展示出了更好的容忍性。然而,如 3.1 节中所分析的那样,体育视频下的遮挡更严重,因为运动员的着装非常相似,而且跑动无规律,彼此遮挡更频繁。为了应对这个问题,我们提出了一套遮挡前预判、遮挡后恢复的策略。考虑在遮挡发生之前,会有一个或多个可疑目标靠近跟踪目标,因此将单独地考虑这些候选目标。具体地,当跟踪目标的位置确定之后,在相对较大的区域内,搜寻方差比预定阈值 $\mathrm{Var_{thr}} \in \mathbb{R}^+$ 更大的区域,因为这些区域很可能包含运动的可疑目标。根据贝叶斯分类器的得分,我们基于一个阈值 $\mathrm{Ret_{thr}} \in \mathbb{R}^+$ 进一步过滤出与跟踪目标相似的可疑目标。为了简化问题,只考虑最大似然的可疑目标,具体表示如公式(3.3)所示,其中 b_j 为第 j 个检测框,$j=1,2,3,\cdots,n$。

$$b_j : \max_{j=1}^{n} H(v_j) \tag{3.3}$$
$$\mathrm{s.t.} \begin{cases} \mathrm{variance}(b_j) \geqslant \mathrm{Var_{thr}} \\ H(v_j) \geqslant \mathrm{Ret_{thr}} \end{cases}$$

接下来会有两个贝叶斯分类器同时工作,以跟踪特定目标和可疑遮挡目标。另外,我们使用 Jaccard 距离来判断两个目标的重合程度,以便确定它们是否发生遮挡。是否发生遮挡事件可以基于遮挡阈值 $\mathrm{Ove_{thr}} \in \mathbb{R}^+$ 大小来判断,具体表示如下:

$$O(b_i, b_j) = \left| \frac{b_i \bigcap b_j}{b_i \bigcup b_j} \right| \geqslant \mathrm{Ove_{thr}} \tag{3.4}$$

如果可疑遮挡目标的跟踪框在特定目标的上方,即可疑遮挡目标离摄像机更近,此时代表特定目标被遮挡。我们将暂时关闭特定目标的跟踪器,只保留可疑遮挡目标的跟踪器。类似于发现可疑遮挡目标的做法,在目标分离时,重定位到之前丢失的特定目标并继续跟踪,同时销毁可疑遮挡目标的跟踪器。如果没有发生遮挡,则保持现有的跟踪流程不变。图3-6阐明了遮挡和重定位的流程(绿色框中为当前特定目标,红色框中为可疑遮挡目标),详细的算法流程参见算法3-1。

图3-6 彩图

图3-6 遮挡和重定位的流程

算法3-1 尺度遮挡鲁棒的跟踪(SORT)方法

Require:输入序列(frame sequence):$f_1, f_2, \cdots, f_n$;分类器(classifier):H;初始目标(initial object):b_{inj};帧率(frequency):M;候选框标识:candidate;遮挡标识:occlusion

Ensure:目标序列(object sequence):$b_1, b_2, \cdots, b_n$

1:分类器(classifier):H;candidate=false;occlusion=false

2:**for** $i=0$ to n **do**

3: **if** !occlusion **then**

4：　　if $i \% M == 0$ then

5：　　　　EdgeBox(f_i, b_{i-1})

6：　　else

7：　　　　SampleBox(f_i, b_{i-1})

8：　　end if

9：　　CompressFeature, $b_i = \max(H(\{v_{ij}\}))$

10：　　if !candidate then

11：　　　　if variance (c_{ij}) > Var$_{thr}$, $H(\{v_{ij}\})$ > Ret$_{thr}$ then

12：　　　　　$C_i := \max(H(\{v_{ij}\}))$, candidate = true

13：　　　　end if

14：　　else

15：　　　　if overlap(b_i, C_i) > Ove$_{thr}$ then

16：　　　　　occlusion = true

17：　　　　end if

18：　　end if

19：　　else

20：　　　SampleBox(f_i, C_i), CompressFeature

21：　　　if variance (c_{ij}) > Var$_{thr}$, $H(\{v_{ij}\})$ > Ret$_{thr}$ then

22：　　　　$b_i := \max(H(\{v_{ij}\}))$

23：　　　　occlusion = false, candidate = false

24：　　　end if

25：　　end if

26：end for

3.5　长时间区域导向的递归神经网络

本书中,行为识别的目标是将运动员的跟踪结果划分到预定义好的类别。跟踪结果提供了连贯的运动员区域序列,并伴有尺度变化。如上文所述,现有的基于 CNN 的行为识别方法需要每一帧以固定尺寸的图像作为输入,这样就无法直接使用跟踪的结果。而简单地对每一帧的跟踪框进行缩放会破坏行为中时序的演化信息。为了解决这个问题,我们提出了长时间区域导向的递归神经网络(LRRCN),其可以有效地利用跟踪结果中负载的动态行为信息进行建模和识别。该网络包含一个深度特征提取器和一个动态建模模块,具体地,其使用多尺度金字塔卷积神经网络(SPP-Net)[147] 来逐帧提取跟踪框的空间特征,使用 LSTM 递归神经网络来对时序演变进行建模,并对技战术动作进行最后的识别。SPP-Net 有优秀的特征表达能力,可以提取更加鲁棒的图像特征,已经在图像分类、物体检测等领域取得了优异的成绩。其最主要的优势来自空间金字塔池化(Spatial Pyramid Pooling)模式,得益于该模式,SPP-Net 可以输入任意尺寸的图像。因此,SPP-Net 可以在尺度变化的情况下保留更多的细节。给定一个序列的跟踪框,SPP-Net 可以产生对应的特征序列来表示行为。而如何更好地建模时序上下文的依赖信息对于行为识别至关重要。考虑长短时记忆单元有比较优秀的时序建模能力[148,48],我们将使用基于长短时记忆单元的递归神经网络来对特征序列做进一步的时序建模。在该步骤中,保持特征序列的时序顺序不变并将其作为输入,得到行为的整体表征后进行行为分类。接下来将首先详细地介绍本书所使用的 SPP-Net 结构,然后回顾 LSTM 网络的原理,最后介绍训练和测试的实验步骤。

3.5.1　多尺度金字塔卷积神经网络

类似于文献[46,143]所提出的方法,我们同样采取了双网络流的结构[149],包括空间 SPP-Net 和运动 SPP-Net。空间网络流用来提取运动员的表观特征,运动网络流用来提取运动员的时序动态特征。为了得到更精确的运动信息,我们首先针对每一对相邻的图像计算光流特征,然后截取跟踪区域内的信息。

本书中用预训练好的 SPP-Net 模型作为起始点,在指定的数据库上进行微调。最后即可根据跟踪结果和双流网络计算其表观特征和运动特征。在建立双流网络时,我们使用了两个不同的 SPP-Net 结构。表观网络和运动网络分别参考了 Overfeat-7[150] 和 ZF-5[151],它们都用空间金字塔池化层进行了提升。我们定义 $C(k,n,s)$ 为卷积核大小为 $k×k$、个数为 n、步长为 s 的卷积层;N 为标准化层;$P(k,s)$ 为无重叠的池化层;$FC(n)$ 为具有 n 个节点的全连接层;$SPP(a,b,c,d)$ 为空间金字塔池化层,其中有 4 级金字塔,分别为 $a×a$、$b×b$、$c×c$ 和 $d×d$。基于此,可以将 Overfeat-7 的结构表示为 $C(96,7,3)$-N-P-$C(256,5,2)$-N-P-$C(512,3,1)$-$C(512,3,1)$-$C(512,3,1)$-$C(512,3,1)$-$C(512,3,1)$-$SPP(6,3,2,1)$-$FC(4096)$-$FC(4096)$-$FC(|A|)$;将 ZF-5 的结构可以表示为 $C(96,7,3)$-N-P-$C(256,5,2)$-N-P-$C(384,3,1)$-$C(384,3,1)$-$C(256,3,1)$-$SPP(6,3,2,1)$-$FC(4096)$-$FC(4096)$-$FC(|A|)$。

对于空间网络,我们使用了在 ImageNet 2012 数据库上预训练好的 SPP-Net (Overfeat-7)模型;对于运动网络,我们参考文献[147]重新训练了 SPP-Net(ZF-5)。需要注意的是,在训练过程中空间金字塔池化层一直在发挥作用。然而,不同于空间网络,运动网络需要在视频数据库上进行训练来捕捉动态模式。我们选择在 UCF-101 行为识别数据库上训练 SPP-Net(ZF-5)。由于网络只能接收图像作为输入,因此需要先根据文献[152]计算光流数据,即水平和垂直两个通道,并将它们映射到[0,255]区间,再将两个方向的值和光流的量级组成三通道图像,以训练运动网络流。

3.5.2 长短时记忆单元结构

与卷积神经网络无序的卷积和池化操作不同,递归神经网络(RNN)可以学习有序的时间上的演化信息。给定一个有 n 个时间节点的输入序列 $\boldsymbol{x}=(x_1,\cdots,x_n)$,RNN 可以将其映射到与之长度相同输出序列 $\boldsymbol{y}=(y_1,\cdots,y_n)$。其中的隐向量 $\boldsymbol{h}=(h_1,\cdots,h_n)$ 可以递归地进行更新。对每一个时间节点 $t,x_t\in\mathbb{R}^N$ 为输入的 N 维特征,$h_t\in\mathbb{R}^M$ 为含有 M 个单元的隐变量,$y_t\in\mathbb{R}^Q$ 是输出的 Q 维特征向量。则从 $t=1$ 到 $t=n,y_t$ 计算如下:

$$h_t=g(W_{ih}x_t+W_{hh}h_{t-1}+b_h)$$
$$y_t=g(W_{hy}h_t+b_y) \tag{3.5}$$

其中,g 代表非线性激活函数,$W_{ih}\in\mathbb{R}^{N\times M}$、$W_{hh}\in\mathbb{R}^{M\times M}$、$W_{hy}\in\mathbb{R}^{M\times Q}$,$b_h\in\mathbb{R}^M$、$b_y\in\mathbb{R}^Q$ 代表可学习的参数,x_t 与 y_t 分别是 t 时刻的输入与输出。

相比于标准的 RNN 结构,LSTM 网络可以学习长时间的动态信息,这归功于其中的记忆单元。LSTM 网络能更好地适应长时间时序信息进行训练,可以有效地解决 RNN 训练时容易出现的梯度消失问题。文献[153-154]证明了该结构相比于 RNN,在语音识别、文本生成等任务上有着更出色的性能。本研究使用了文献[155]中的长短时记忆单元,其结构如图 3-7 所示。从 $t=1$ 到 $t=n,h_t$ 的计算如下:

$$i_t=\sigma(W_ix_t+U_ih_{t-1}+b_i)$$
$$g_t=\tanh(W_cx_t+U_ch_{t-1}+b_c)$$
$$f_t=\sigma(W_fx_t+U_fh_{t-1}+b_f)$$
$$C_t=i_t*g_t+f_t*C_{t-1} \tag{3.6}$$
$$o_t=\sigma(W_ox_t+U_oh_{t-1}+b_o)$$
$$h_t=o_t*\tanh(C_t)$$

其中,x_t 是输入,W_i、$U_i\in\mathbb{R}^n$ 为线性转化层,$C_t\in\mathbb{R}^N$、$i_t\in\mathbb{R}^N$、$f_t\in\mathbb{R}^N$ 和 $o_t\in\mathbb{R}^N$ 分别是当前时刻的记忆单元、输入门、遗忘门和输出门。

当对行为进行建模时,x_t 代表第 t 帧跟踪框的描述符。随着时间的推移,LSTM 网络中的记忆单元可以对运动员状态的变化进行建模,承载行为演化信息。事实上,我们采取了多层堆叠的深度 LSTM 结构[155],下一层 LSTM 网络的输入为上一层的输出。经过验证,我们最终选择使用两层 LSTM 结构。堆叠的 LSTM 结构的后面跟随着一个 softmax 分类层,其用于最后的行为识别。

3.5.3 训练和测试

我们先使用预训练的 SPP-Net 模型来初始化网络,再在目标数据库上进行微调。实际上,SPP-Net 很难直接进行多尺度的训练。为了简化任务,此时仅使用一

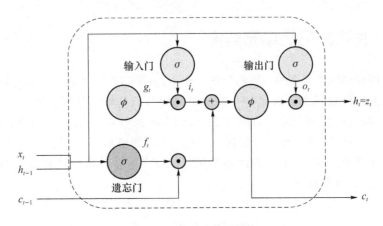

图 3-7 LSTM 单元结构

种尺度进行训练,而且只微调全连接层,冻结卷积层的参数更新。我们使用第二层全连接层输出的特征作为跟踪框的表征,并将其一阶导数作为补充信息。SPP-Net 作用于跟踪框,生成的全连接层的特征序列输入 LSTM 模型进行动态建模。最后一层是 A 路的 softmax 分类层,用于识别 A 种行为。此外,直接使用跟踪框的原始大小,而不进行缩放、反转等操作。所有的网络都使用 Adam 算法[156]进行优化。视频帧的 RGB 图像和光流图像共享同样的跟踪框截取的图像区域,用于训练双流网络。在微调过程中,使用的学习率为 0.000 1,衰减系数为 0.000 5。在 LSTM 训练阶段,初始学习率为 0.025。为防止过拟合,参数丢弃(Dropout)的比率设置为0.8。在测试阶段,行为序列一并进入网络中进行前馈。另外,取最后一个时间节点的预测作为行为类别,并融合两个网络流最后的得分来决策最终的行为类别。

3.6 实验结果与分析

本节将在本章所提出的 BeaVoll 数据库的基础上验证所提出的方法。额外地,我们对 UIUC2 数据库进行了扩展,使其能支持进一步的验证。接下来将介绍实验细节和实验结果。

3.6.1 实验细节

在实验中,BeaVoll 数据库中视频的分辨率从 1 440×1 080 降采样为 432×240。其中,20 个视频片段用于训练和调整参数,其他的片段用于测试。为了验证运动员跟踪的方法,我们使用文献[113]中发布的代码库,并与流行的单目标跟踪方法做了对比。此外,我们还对比了其他流行的方法,包括基于相关滤波的 DSST[126],基于深度学习的 FCNT[157]、CFNet[132]。实验将使用准确率曲线和成功率曲线作为衡量算法优劣的标准。准确率曲线展示了跟踪位置与真实标注位置的距离小于指定阈值的帧数的百分比变化,其中阈值设置为 20。成功率曲线代表跟踪框与真实标注框的相交区域大于指定阈值的帧数。成功率曲线下包裹的区域面积(Area Under Curve,AUC)被用作比较跟踪算法的主要标准。其中,本实验使用的为空间鲁棒性评估(Spatial Robustness Evaluation,SRE)的成功率曲线,即将第一帧的目标以真实位置稍作偏移后观察其跟踪精度。SRE 成功率曲线将展示前十个优秀的跟踪器。此外,有一些重要的参数对本章所提出的跟踪方法的影响比较大,包括搜寻阈值 Ret_{thr} 和遮挡阈值 Ove_{thr},我们在实验中展示了不同的参数设置对跟踪器的影响。

对于运动员行为识别,我们对比了一系列的基准方法和之前提出的先进方法。接下来介绍具体的实验设置。

① B1-基于 CNN 的图像分类。此基准方法使用了标准的 CNN 模型,骨干网络与 SPP-Net 相同。由于它们只能接收固定尺寸的输入,因此我们将跟踪框按中心放置到 224×224 尺寸的、用 0 值填充的矩形图像里面。其中,CNN 的训练方式与 SPP-Net 保持一致。

② B2-基于 SPP-Net 的图像分类。此基准方法使用了与 B1 中相同的模型,直接使用跟踪框的原始尺寸的图像进行分类。

③ B3-基于 CNN 的特征池化。此基准方法是 B1 在时序上的扩展。首先通过 CNN 对每个跟踪框图像进行特征提取,得出跟踪序列对应的特征序列。然后取特征序列的最大/最小值,拼接后作为行为的表示,并使用线性多类 SVM 分类器进行识别。

④ B4-CNN 结合 LSTM 网络。该基准方法中特征提取步骤与 B3 相同。LSTM 网络接收特征序列进行时序建模和分类。

⑤ B5-基于 SPP-Net 的特征池化。此基准方法使用了 B2 中的特征提取方式、B3 中的分类方式。

3.6.2 在 BeaVoll 数据库上的实验结果

1. 目标跟踪

图 3-8 展示了两个参数(目标搜寻阈值和遮挡阈值)的调整对跟踪算法精度的影响。如图 3-8(a)所示,当 Ret_{thr} 较小时,即使跟踪目标周围不存在可疑的遮挡目标,跟踪算法也会选取一个随机的错误目标,从而导致目标跟踪错误,跟踪精度较低。当 Ret_{thr} 较大时,它会拒绝真实的可疑目标,从而误判遮挡发生的时机,同样导致跟踪精度下降。类似于 Ret_{thr},Ove_{thr} 也需要根据验证集来调整,以保证跟踪器发

挥出较好的性能。图 3-9 展示了在 BeaVoll 数据库上,我们所提出的 SORT 方法和其他先进的跟踪方法的成功率曲线和准确率曲线。根据两者曲线对应的 AUC 分数可知,所提出的 SORT 都优于其他方法,包括 CSK[158]、Struck[146]、ASLA[159]、DSST[126]、CT[115]、SCM[160]、L1APG[161],尤其是同期的基于深度学习的方法,例如 FCNT[157] 和 CFNet[132]。

我们看到,这些其他先进的方法在 BeaVoll 数据库上的表现并没有很大的区别,成功率曲线的 AUC 分数大都在 0.550 左右,基于深度学习的方法 FCNT 和 CFNet 略有优势。本章提出的 SORT 方法表现出了最好的性能, AUC 分数达到了 0.677,比其他方法高出了较多。图 3-10 可视化了运动员的跟踪结果,我们可以看到在未遮挡的情况下,大多数方法都能比较容易应对,而在严重遮挡、大尺度变化、行为形变较大的情况下,大多数的跟踪器都无法应对严重遮挡(如 0036 帧和 0204 帧)和大尺度变化(如 0265 帧和 0358 帧),从而导致丢失目标或者跟错目标。而 SORT 方法却能在很大程度上正确识别出遮挡情况,并及时找回跟踪目标。正是由于 SORT 方法对于遮挡情况处理能力的提升,才提高了跟踪的精度。

图 3-9 彩图

图 3-10 彩图

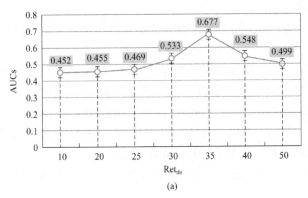

(a)

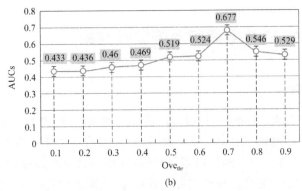

(b)

图 3-8　搜寻阈值与遮挡阈值对跟踪结果的影响

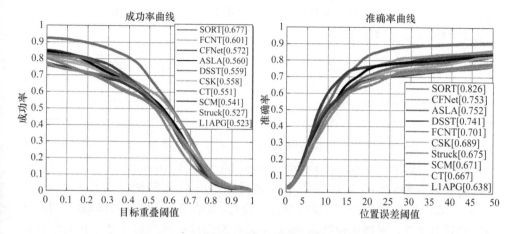

图 3-9 BeaVoll 数据库上不同跟踪方法的比较

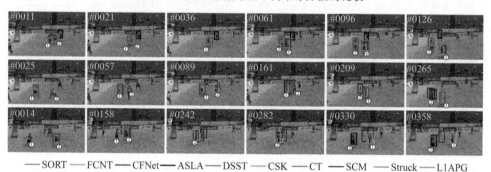

图 3-10 BeaVoll 数据库上不同跟踪器的可视化跟踪结果

2. 行为识别

在 BeaVoll 数据库上,我们根据训练集对 LSTM 的超参数进行了调整,最终确定其隐节点个数为 1 024,时间节点长度为 20。表 3-1 和表 3-2 分别展示了空间网络和时序网络对应的 LSTM 结构中不同的隐节点个数、时间节点数对最终识别效率的影响。我们可以看到更多的隐节点和更长的时间节点数将带来更好的结果,但是超过一定范围之后,模型将会欠拟合。

表 3-1　BeaVoll 数据库中不同 LSTM 结构隐节点数目比较

空间 LSTM 隐节点数	时序 LSTM 隐节点数	准确率
512	512	69.6%
512	1 024	70.1%
1 024	1 024	**71.3%**
1 024	2 048	71.2%

表 3-2 BeaVoll 数据库上不同 LSTM 结构时间节点数目比较

空间 LSTM 时间节点数	时序 LSTM 时间节点数	准确率
10	10	70.6%
10	20	71.1%
20	20	**71.3%**
20	30	71.0%

在表 3-3 中，我们对比了本书所提行为识别方法和基准方法的结果，FP 代表特征池化(Feature Pooling)，max-pool、max/min-pool 和 max/min-pool＋diff 是指不同的池化策略，RGB 是指只使用普通视频，OF 代表使用光流信息(Optical Flow)。我们提出的 LRRCN 模型融合了表观、运动和其一阶导数模态，表现出了最好的识别性能。根据比较结果，我们可以得知跟踪框序列的时序演化对于提高识别能力非常重要。相比于 B3、B4 基准，我们所提出的方法的性能有很大的提升。相似地，由于考虑了时序的特征，B5 也取得了比 B3、B4 更好的识别结果。实际上，我们所提出的方法对于有着很大尺度变化的一些类别，比如传球、扣球和救球，精度上有较大程度的提升。基于图像分类的方法，包括 B1、B2，相对于其他考虑了时序特征的基准方法表现较差。对于特征池化措施，如果考虑一种模态，最大池化(max-pool)表现较其他措施好，例如 B3 和 B5。结合最小池化(min-pool)后能进一步地提高行为表达能力。当考虑了表观和运动的一阶导数模态后，基于 CNN 的方法(B3、B4)的识别性能出现了下降的情形。相反地，基于 SPP-Net 的方法在加入一阶导数模态后有了提升。这种情况表明，SPP-Net 可以更好地捕捉跟踪框序列之间的连续性。在我们的案例中，根据 B5 和我们所提出的方法的对比可知，LSTM 网络有更好的时序建模能力，可以带来更好的识别性能。

表 3-3 BeaVoll 数据库上不同基准方法的比较

方法	RGB	OF	RGB＋OF
B1-Frame-based CNN	49.1%	44.3%	50.2%
B2-Frame-based SPP-net	51.3%	44.7%	52.6%
B3-CNN＋FP (max-pool)	58.4%	62.5%	67.1%
B3-CNN＋FP (max/min-pool)	59.3%	64.0%	67.6%
B3-CNN＋FP (max/min-pool＋diff)	60.2%	62.5%	65.2%
B4-CNN＋LSTM (w/o diff)	59.5%	63.7%	68.4%
B4-CNN＋LSTM	60.4%	62.3%	67.5%
B5-SPP-net＋FP (max-pool)	60.5%	63.5%	68.6%
B5-SPP-net＋FP (max/min-pool)	60.8%	64.9%	69.1%
B5-SPP-net＋FP (max/min-pool＋diff)	61.7%	65.8%	69.3%
Ours (LRRCN w/o diff)	61.4%	65.1%	69.9%
Ours (LRRCN)	**62.6%**	**66.1%**	**71.3%**

为了进一步地验证我们所提出的方法,我们还将其与其他先进的方法做了对比,包括 IDT[22]、P3D[162] 和 Very Deep Two-Stream CNN[163]。IDT 是除了深度特征之外很好的特征之一,然而该方法不能够直接基于跟踪结果计算稠密轨迹线。为了适应 IDT,我们首先计算原视频片段的轨迹线,然后去除跟踪框之外的部分。Two-Stream CNN 和 TSN 都是基于 CNN 的方法,为了适应行为分类任务,我们采取了 B1(基于 CNN 的图像分类)中的预处理和训练方式,并在 BeaVoll 数据库上进行了微调。其中,Two-Stream CNN 方法采用了文献[164]中的配置和骨干网络,Very Deep Two-Stream CNN 中采用了更深的 VGG16 网络[165]。对于 TSN,我们使用了文献[47]中的预训练模型。P3D 方法使用 $1\times3\times3$ 和 $3\times1\times1$ 两种卷积核模拟了三维卷积,其可以直接接收一个视频片段并将其作为输入。我们采用 B1 中的预处理方案得出视频片段,并在 BeaVoll 数据库上微调参数。

表 3-4 中比较了本章所提方法和其他主流的先进方法。我们所提出的方法远远胜过了 IDT、Two-Stream CNN、Very Deep Two-Stream CNN、TSN 和 P3D。此外,我们还对比了使用实际标注的运动员包围框作为模型输入的情况。基于跟踪结果的行为识别准确率比基于真实标注的行为识别方案相差了约 2%,但是前者的结果仍然远好于其他先进方法,这表明了 SORT 方法和 LRRCN 模型良好的结合性。图 3-11 展示了我们所提出的方法和其他主流方法的混淆矩阵,其中,图 3-11(a)为我们所提出的方法,图 3-11(b)为 Two-Stream CNN,图 3-11(c)为 Very Deep Two-Stream CNN,图 3-11(d)为 IDT,图 3-11(e)为 TSN,图 3-11(f)为 P3D。通过混淆矩阵的对比可以发现,我们所提出的方法在多数行为类别上有较好的识别表现。IDT 方法倾向于将类别分为无动作,这很有可能是由运动员的形变、尺度变化大,位移变化快,跟踪框里面的轨迹线不准确而造成的。Two-Stream CNN 方法对于行走和跑动行为较为有效,当采用更深的骨干网络时,其精度较文献[46]的方法稍微有所提升,但是仍然低于 B3。相对于 Very Deep Two-Stream CNN 方法,TSN 的准确率提升了将近 4%,这主要归功于 TSN 的全局采样策略可以捕捉更多的动态依赖信息。在这些主流先进的方法中,P3D 的识别精度较低,这可能是因为 B1 中的尺寸更改方案在像素级别上不连续,而三维卷积在这种情况下无法获取很好的动态特征。综合来看这些方法的混淆矩阵可以发现,大多数方法包括我们所提出的方法都不能很好地区分开扣球和拦网,这是因为它们有很高的相似度。在图 3-12 中,我们可视化了部分跟踪结果,其展示了实际的比赛场景下,运动员跟踪和行为识别所面对的复杂情况和挑战,以及行为识别成功和失败的样例。在 BeaVoll 数据库的设置中,我们按照固定步长的滑动窗口来生成视频片段,相邻的样本往往会有相同的类别标签,从而导致出现连续预测错误的情况。

表 3-4　BeaVoll 数据库上所提方法与其他先进方法的比较

方法	准确率
Improved Dense Trajectory approach (IDT)[22]	59.6%
Two-stream CNN (Spatial)[46]	50.9%
Two-stream CNN (Temporal)[46]	49.3%
Two-stream CNN[46]	61.1%
Very Deep Two-stream CNN (Spatial)[163]	51.3%
Very Deep Two-stream CNN (Temporal)[163]	50.9%
Very Deep Two-stream CNN[163]	62.2%
Temporal Segment Networks (TSN)[47]	66.1%
Pseudo-3D Residual Net (P3D)[162]	41.5%
Ours（LRRCN）	**71.3%**
Ours（LRRCN）with GT	**73.2%**

(a)

	发球	垫球	无动作	传球	扣球	拦网	救球	行走	跑动
发球	0.84	0.00	0.00	0.00	0.00	0.00	0.00	0.00	0.16
垫球	0.00	0.53	0.00	0.00	0.00	0.03	0.00	0.03	0.40
无动作	0.00	0.00	0.93	0.00	0.00	0.00	0.00	0.07	0.00
传球	0.00	0.02	0.00	0.98	0.00	0.00	0.00	0.00	0.00
扣球	0.00	0.00	0.00	0.00	0.74	0.19	0.00	0.07	0.00
拦网	0.00	0.00	0.00	0.08	0.33	0.50	0.00	0.04	0.04
救球	0.00	0.00	0.00	0.04	0.04	0.00	0.65	0.00	0.26
行走	0.00	0.00	0.05	0.00	0.00	0.00	0.00	0.77	0.11
跑动	0.02	0.15	0.00	0.10	0.00	0.00	0.00	0.06	0.67

(b)

	发球	垫球	无动作	传球	扣球	拦网	救球	行走	跑动
发球	0.84	0.08	0.04	0.00	0.00	0.00	0.00	0.04	0.00
垫球	0.07	0.23	0.00	0.00	0.07	0.03	0.07	0.07	0.50
无动作	0.29	0.00	0.64	0.00	0.00	0.00	0.00	0.07	0.00
传球	0.00	0.00	0.00	0.77	0.00	0.00	0.00	0.08	0.15
扣球	0.00	0.00	0.04	0.00	0.52	0.33	0.00	0.04	0.07
拦网	0.00	0.00	0.00	0.00	0.29	0.58	0.08	0.00	0.00
救球	0.00	0.00	0.04	0.00	0.00	0.00	0.65	0.00	0.30
行走	0.00	0.00	0.09	0.04	0.00	0.09	0.00	0.70	0.09
跑动	0.06	0.00	0.04	0.00	0.13	0.02	0.00	0.13	0.62

(c)

	发球	垫球	无动作	传球	扣球	拦网	救球	行走	跑动
发球	0.80	0.00	0.12	0.00	0.00	0.00	0.00	0.00	0.08
垫球	0.03	0.17	0.00	0.00	0.00	0.00	0.00	0.00	0.70
无动作	0.00	0.00	0.71	0.00	0.00	0.00	0.00	0.29	0.00
传球	0.00	0.00	0.00	0.77	0.15	0.00	0.00	0.00	0.08
扣球	0.00	0.00	0.00	0.00	0.63	0.19	0.00	0.00	0.19
拦网	0.00	0.00	0.00	0.00	0.38	0.46	0.00	0.04	0.13
救球	0.00	0.00	0.00	0.00	0.09	0.00	0.39	0.04	0.48
行走	0.00	0.00	0.09	0.00	0.02	0.02	0.00	0.79	0.09
跑动	0.02	0.02	0.04	0.00	0.00	0.00	0.00	0.15	0.73

(d)

	发球	垫球	无动作	传球	扣球	拦网	救球	行走	跑动
发球	0.60	0.00	0.32	0.00	0.00	0.00	0.00	0.00	0.08
垫球	0.00	0.23	0.33	0.00	0.00	0.00	0.00	0.00	0.43
无动作	0.00	0.00	0.86	0.00	0.00	0.00	0.00	0.14	0.00
传球	0.00	0.00	0.23	0.31	0.00	0.00	0.00	0.00	0.46
扣球	0.00	0.00	0.19	0.00	0.78	0.00	0.00	0.00	0.04
拦网	0.00	0.00	0.33	0.08	0.21	0.00	0.00	0.00	0.08
救球	0.00	0.00	0.30	0.04	0.00	0.00	0.57	0.00	0.13
行走	0.00	0.00	0.25	0.00	0.00	0.00	0.00	0.68	0.07
跑动	0.00	0.00	0.17	0.00	0.00	0.00	0.00	0.10	0.73

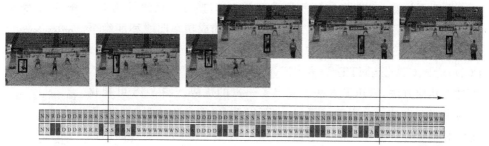

(e)

	发球	垫球	无动作	传球	扣球	拦网	救球	行走	跑动
发球	0.84	0.00	0.08	0.00	0.00	0.00	0.00	0.00	0.08
垫球	0.03	0.20	0.00	0.00	0.03	0.03	0.00	0.00	0.70
无动作	0.00	0.00	0.79	0.00	0.00	0.00	0.21	0.00	0.00
传球	0.00	0.00	0.00	0.85	0.00	0.00	0.00	0.00	0.08
扣球	0.00	0.00	0.00	0.70	0.15	0.00	0.00	0.00	0.15
拦网	0.00	0.00	0.00	0.33	0.50	0.00	0.04	0.00	0.13
救球	0.00	0.00	0.00	0.00	0.00	0.43	0.04	0.43	0.00
行走	0.00	0.00	0.09	0.00	0.02	0.02	0.00	0.81	0.07
跑动	0.02	0.02	0.04	0.02	0.02	0.00	0.00	0.13	0.75

(f)

	发球	垫球	无动作	传球	扣球	拦网	救球	行走	跑动
发球	0.32	0.12	0.12	0.00	0.04	0.00	0.00	0.28	0.12
垫球	0.03	0.43	0.03	0.07	0.10	0.10	0.10	0.10	0.10
无动作	0.00	0.00	0.50	0.00	0.00	0.00	0.00	0.00	0.00
传球	0.00	0.00	0.00	0.31	0.38	0.00	0.08	0.00	0.23
扣球	0.00	0.00	0.00	0.11	0.33	0.15	0.11	0.00	0.19
拦网	0.00	0.00	0.08	0.08	0.42	0.00	0.00	0.00	0.00
救球	0.09	0.04	0.00	0.17	0.13	0.04	0.22	0.13	0.17
行走	0.04	0.00	0.04	0.00	0.02	0.00	0.02	0.70	0.17
跑动	0.00	0.10	0.00	0.00	0.21	0.08	0.06	0.10	0.42

图 3-11　BeaVoll 数据库上不同方法的混淆矩阵

图 3-12　BeaVoll 数据库上目标跟踪与行为识别的可视化结果

图 3-12 彩图

3.6.3　在 UIUC2 数据库上的实验结果

　　UIUC2 数据库提供了 3 个长序列,其来自 2006 年羽毛球世界杯的比赛视频。其中有 1 个单打序列和 2 个双打序列,如图 3-13 所示,包含了复杂的技战术行为。但是,作者仅提供了单打视频的行为标注信息,另外 2 个双打视频缺失了跟踪和行为信息的标注。为了能够让 UIUC2 数据库适合评估运动跟踪方法,我们将其进行扩展,标注了其中一个双打视频序列。我们选择了较长的第 3 个序列,其包含 14 个回合,每个回合约有 280 帧。前 7 个回合用来训练和参数调整,后 7 个回合用来做测试。对于行为识别,UIUC2 数据库定义了两种行为识别问题,一是 5 种运动类型,二是 4 种扣球类型。为了与其他方法公平对比,我们将 UIUC2 数据库提供的跟踪序列作为行为识别方法的输入,并用了与文献[14]一样的实验设置,序列的前半段(3 072 帧中的前 1 536 帧)用来做训练,剩下的用来测试。同样地,我们只考虑使用近摄像头端的序列进行目标跟踪和行为识别。接下来将介绍实验细节和实验结果。

图 3-13 彩图

| 序列1: 3 072帧 | 序列2: 1 648帧 | 序列3: 3 937帧 |

运动相关动作: 跑动, 行走, 单足跳跃, 跳起, 未知　击球相关动作: 正拍, 反拍, 强攻, 未知

图 3-13　UIUC2 数据库中的视频样例

1. 目标跟踪

根据训练集,我们将遮挡阈值设置为 0.6,搜寻阈值设置为 30。图 3-14 展示了本章提出的跟踪方法和其他主流跟踪算法的成功率曲线和准确率曲线,包括 ASLA[159]、DSST[126]、CSK[158]、SCM[160]、L1APG[161]、FCNT[157]、CT[115]、MTT[166] 和 CFNet[132]。以 AUC 分数作为标准,相对于其他方法,SORT 方法表现出了一贯的优势。图 3-15 可视化了两个回合中的部分跟踪结果,从中可以看出,大多数的跟踪方法不能应对相似外观运动员的严重遮挡,如 0030 帧和 0037 帧。此外,除 SORT 方法外,CFNet 表现出了比其他方法更好的跟踪性能,但是它也容易混淆相似的运动员(如 0027 帧中的绿色框),且有时候还会出现丢失目标的状态(如 0020 帧)。

图 3-14 彩图

图 3-15 彩图

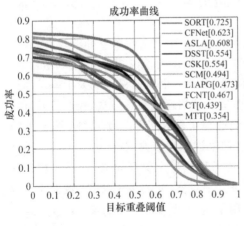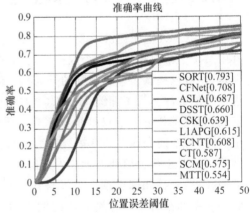

图 3-14　UIUC2 数据库上不同跟踪方法的比较

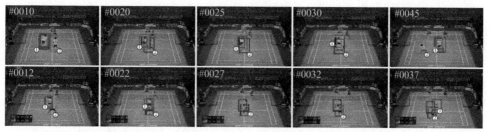

── SORT ── CFNet ── ASLA ── DSST ── CSK ── SCM ── L1APG ── FCNT ── CT ── MTT

图 3-15　UIUC2 数据库上目标跟踪可视化跟踪结果

2. 行为识别

在表观流和运动流对应的 LSTM 网络中,我们将隐节点个数设置为 512 个,时间节点长度定为 15 个。鉴于 UIUC2 数据库中每个帧对应一个标签,我们取该帧周围的 15 帧作为一个视频片段,并进行行为识别。在表 3-5 中,我们对比了我们所提出的 LRRCN 模型和基准方法以及文献[14]中的方法。我们所提出的方法在两类行为种类上都取得了最好的识别精度,证明了其对跟踪序列进行时序建模的能力。此外,类似于 BeaVoll 数据库上的情况,考虑了时序的方法(如 B3、B4、B5)的表现优于帧分类的方法(如 B1、B2)。对于特征池化,综合了最大/最小池化和其一阶导数的方案取得了较好的成绩,这可以通过 B3 和 B5 的比较得出。根据 B3 与 B4,B5 与 LRRCN 的对比结果可知,LSTM 网络有比池化操作更强的时序建模能力。这是因为 SPP-Net 可以提取更鲁棒的空间特征,从而可以更好地与 LSTM 网络结合。此外,我们还提供了文献[14]的结果,该方法设计了一种基于上下文运动的特征,包括了运动员跟踪序列的光流和边界信息。对于扣球类别的行为,所有的基准方法都优于该方法;对于运动类别的行为,文献[14]中的方法却优于大部分的基准方法,仅次于我们所提出的方法。这可能是由于运动类别的行为之间非常相似(如单足跳跃和跳起)以及 UIUC2 数据库中的视频数据分辨率较低。

表 3-5　UIUC2 数据库上不同基准方法的行为识别结果比较

方法	运动类别	扣球类别
B1-Frame-based CNN	42.32%	63.58%
B2-Frame-based SPP-net	42.62%	63.60%
B3-CNN+FP (max-pool)	55.15%	68.51%
B3-CNN+FP (max/min-pool)	56.23%	68.11%
B3-CNN+FP (max/min-pool+diff)	56.51%	69.52%
B4-CNN+LSTM (w/o diff)	59.34%	70.72%

方法	运动类别	扣球类别
B4-CNN＋LSTM	61.41%	70.74%
B5-SPP-net＋FP (max-pool)	55.21%	68.59%
B5-SPP-net＋FP (max/min-pool)	56.65%	69.27%
B5-SPP-net＋FP (max/min-pool＋diff)	58.33%	69.31%
Ours (LRRCN)	**62.63%**	**72.19%**
Tran and Sorokin[14]	**57.73%**	**63.45%**

本 章 小 结

本章聚焦体育视频场景下的单目标跟踪与行为识别问题,提出了一个一体化的框架,并将其用来协同跟踪运动员和行为识别。为了弥补支撑该问题的数据库的不足,我们首先建立了一个新的、面向实际的数据库,即 BeaVoll,来评估相关方法。对于运动员的跟踪,我们提出了尺度遮挡鲁棒的跟踪(SORT)方法,它基于压缩跟踪,在尺度变化和物体遮挡问题上做了特殊的设计,更适合于体育场景。另外,我们采取了目标建议技术进行尺度改善,采取了一种遮挡事前判断、事后重定位的策略来应对严重的遮挡问题。对于行为识别,我们提出了长时间区域导向的递归神经网络(LRRCN),它可以有机地结合跟踪结果进行行为识别。另外,我们使用 SPP-Net 对不同尺寸的跟踪框提取鲁棒的空间特征,并使用 LSTM 网络进行时序建模、行为识别。我们分别在 BeaVoll 数据库和 UIUC2 数据库上验证了我们所提出的方法,且大量的实验结果表明所提方法优于主流的先进方法,更适合体育场景下的运动员跟踪与行为识别。

第4章

基于长时间动作线索的体育
视频中多运动员跟踪方法

4.1 引　言

与第 3 章的单运动员跟踪不同，本章将问题聚焦在体育视频中的多运动员跟踪（Multi-Athlete Tracking，MAT）上。鉴于其在科学研究上的挑战和实际应用上的潜力，该问题获得了工业界和学术界的广泛关注。

多运动员跟踪可以看作特殊的多目标跟踪（Multi-Object Tracking，MOT）任务，与单目标跟踪不同，多目标跟踪针对多个同类目标，要同时考虑他们之间的关联、遮挡和交互信息，因此较单目标跟踪有效。实际上，多目标跟踪通常作为一个独立的问题来研究，而不是单目标跟踪问题的简单重复。在多目标跟踪中，绝大多数的方法采用的是基于检测的跟踪（Tracking-By-Detection，TBD）方案。该方案首先在视频的每一帧上进行目标检测，然后在时序上将属于同一目标的检测框连接起来。现有的这些方法可以笼统地分为两大类：一是在线检测框匹配，二是离线检测框关联。基于在线检测框匹配的方法只依赖于过去视频帧的数据，有处理速度快、实用性强等优势，但是由于其不使用全局的信息，因此在复杂的情况下（例如大的形变、不规律的移动、严重的遮挡等），处理效果相对于离线方法较差。基于离线检测框关联的方法使用的是过去和未来的所有信息，且被证明了在应对复杂情况时鲁棒性更高，但是通常需要更高的计算代价。

除了一些研究致力于单运动员跟踪[167]，更多的研究关注的是多运动员跟踪[168,138]。虽然其隶属于多目标跟踪问题的范畴，但是体育视频下的多运动员跟踪面临着许多特殊情况，因此该任务变得更加困难。一方面，比赛中的运动员穿着相似的队服，有高度的相似性。这会导致很多依赖于表观特征的方法[169-171]丧失优势,尤其是在运动员互相遮挡的时候,而这种遮挡在比赛中会经常发生。另一方面,运动员有多样的动作变化和不规律的运动,因此他们的形变会比一般的目标更复杂、更严重,一些对普通的运动(例如匀速直线运动)进行建模来提高匹配性能的方法[72-73]便难以应对。针对多运动员跟踪的文献[168,138]中的成果表明,基于离线匹配的跟踪方式比基于在线匹配的效果更好。同时,文献[168,138]使用了体育比赛中特有的上下文信息(例如运动员的追逐特征)来关联相同身份的目标,且取得了较好的效果。由此可以推断出,体育比赛中的特殊线索对于运动员跟踪是非常重要的。这些研究在多运动员跟踪上有很大的潜力,但是这些研究都是基于传统的人工特征的,因此有一定的局限性。

本章中,我们针对多运动员跟踪提出了一个新的基于长时间动作依赖的深度层级匹配方法,其使用离线层级的方式,且基于更具有判别性、鲁棒性的特征来匹配相同目标。在多目标跟踪问题上,层级匹配方式是一个主要的框架,它主要包括检测框匹配和跟踪片匹配两个阶段,其中跟踪片为较短的目标跟踪片段。在检测框匹配过程中,通过时空特征得出相邻帧检测框之间的相似度来生成跟踪片。在跟踪片匹配过程中,利用时序相关的特征,通过全局优化的算法连接跟踪片,生成最后的轨迹。相比于其他的方案,层级匹配的方案在目标遮挡的时候有着更好的处理能力。但是根据文献[172]的观点,该方案在处理目标比较相似并且互相接近的情况下效果不好,而这种情况在体育视频中是非常常见的。我们知道,在比赛过程中,不同的运动员各司其职,在参与进攻时会用不同的技战术动作。例如,在排球比赛中的某一时刻,某个运动员在传球时就会有另外一个运动员在等待扣球。基于此观察,运动员的动作可以作为一种判别性的线索来区分、匹配目标,尤其是其外观比较相似的时候,该线索更能凸显出判别性。

具体来讲,在检测框匹配中,我们设计了一个深度网络来估计检测框之间的相似度,其中利用了运动员的表观、姿态和位置信息。该网络用于生成稳定的、高精度的跟踪片。在跟踪片匹配中,我们设计了孪生跟踪片相似度网络(Siamese Tracklet Affinity Networks,STAN)。该网络基于长短时记忆(LSTM)单元,对长时间的目标动作依赖信息进行建模,并根据两个跟踪片组成的动作的演化信息是否更符合同一运动员的某个动作来估计其相似度。更重要的是,通过一个具有一致性判断的孪生预测器,孪生跟踪片相似度网络可以预测出两个跟踪片之间未见过的信息,构建出更完整的动作依赖信息,因此在判断两个跟踪片契合程度时更加准确,对遮挡更加鲁棒。

为了支撑这个任务,我们还采集了一个新的数据库,即VolleyTrack,其包括了一系列世界级的排球比赛视频。此外,由于现有公开的面向多运动员跟踪的数据库比较少,因此我们扩展了APIDIS和NCAA数据库,并标注了大量的视频片段来验证相关方法。我们在VolleyTrack、APIDIS和NCAA数据库上做了验证,并对比了一些先进的多目标跟踪方法,实验结果证明了所提方法的有效性和优越性。

本章剩下的内容安排如下。4.2 节回顾多目标跟踪的代表性方法并综述体育场景下运动员的跟踪研究现状。4.3 节详细介绍我们提出的方法。4.4 节和 4.5 节分别进行数据库的介绍和实验分析。最后对本章内容进行总结。

4.2 相 关 工 作

近十年来,有许多多目标跟踪数据库发布,例如 PET[56]、MOTChallenge[57] 和 UA-DETRAC[58],旨在验证不同跟踪方法在不同场景、不同目标下的跟踪能力,而这些方法大多数聚焦在监控场景下的多行人和车辆目标跟踪,并且多数验证的方法采用的是基于检测的跟踪框架。根据是否用到了将来的信息,多目标跟踪方法可以分为两大类:在线多目标跟踪方法和离线多目标跟踪方法。虽然在线多目标跟踪方法更实用,但是离线多目标跟踪方法对于复杂的场景会处理得更好,因此被广泛研究。在早期的研究中,数据关联方法将跟踪任务看作以检测框或者跟踪片为节点的图模型,并使用全局优化的方法去求解,例如 DP_NMS[65] 中的最短路径法、ELP[67] 中的线性规划法、DCO_X[68] 中的条件随机场法。近期,除了用这些优化方法外,更多的研究倾向于建立更加有效的成对的相似度,因为一旦相似度的检测精度提高,跟踪精度就会相应地提高。比较有代表性的方法有 MHT_DAM[170]、LINF1[171] 和 oICF[62],其分别运用了在线表观模型更新、稀疏表观模型和积分通道特征来提高检测框的相似度。

2016 年以来,一些基于深度学习的多目标跟踪方法也相继被提出。文献[74]利用 LSTM 递归神经网络将许多线索纳入进来,并将其用在较长的时序上计算跟踪片和检测框之间的相似度,例如表观信息、运动信息和上下文的交互信息。文献[75,69]提出了一种离线关联的框架,其使用行人再识别任务中的类孪生网络结构进行目标相似度的计算,取得了良好的性能。为了验证 LSTM 递归神经网络在跟踪中的能力,文献[64]中提出了一个端到端的基于长短时记忆单元的网络,用来关联目标,然而效果并不理想。文献[76]证明了将深度特征融合到多假设跟踪框架的有效性。这些方法中运用的深度模型在很大程度上提高了跟踪框、跟踪片的相似度的精度,也因此提高了离线全局优化方法或者在线局部匹配方法的性能。

目前已有的多目标跟踪方法更多地关注监控场景下行人、车辆的跟踪,而其表观、运动特征都比较稳定。少有方法考虑体育场景下运动员的跟踪,其有着更大的挑战,且面临着形变较大、表观相似、遮挡频繁等问题。

关于运动员的跟踪,很少的方法关注单目标运动员的跟踪[173],而更多的方法研究的是基于检测的多目标跟踪。文献[168]用粒子滤波来预测排球比赛中运动员的位置和速度,该方法将前景和背景分开,以简化跟踪任务,但是这会导致一些关键信息被遗漏。文献[169]提出了一种多线索网络流方法,并将其用在足球、篮球比赛中,该方法采用了表观和位置信息来改善身份错误切换问题。上述的方法都在该任务上取得了一定的成绩,但其都是基于人工特征的方法,没有利用深度学习技术,因此留下了一定的提升空间。文献[182]提出了一种基于姿态的三分支网络(Pose-based Triple Stream Networks,PTSN),它融合了多种线索,包括表观、姿态、关节速度和上下文信息,并将其来用来估计检测框的匹配概率。作者使用一个多状态的跟踪器来完成历史跟踪片和当前帧上的目标匹配,在很大程度上降低了目标丢失问题。与该方法中只考虑历史状态相比,在本章中,我们对更长的动作依赖信息进行建模,可以更好地关联相邻或有间隔的跟踪片。更重要的是,孪生跟踪片相似度网络能够产生不可见的动态信息,使得动作依赖更完整,可以此提高在遮挡情况下的匹配精度。

关于多运动员跟踪的数据库,需要强调的是现有可用的较少,而且部分研究中使用的数据都未公开,例如 FIBA[169] 和 Hockey[138]。当然也有为数不多的几个公开的数据库,但是它们都有明显的缺点。APIDIS 数据库[169]只包含了 1 500 帧的篮球比赛,Basketball 数据库[174]则是由一个时长为 6 min 且分辨率仅为 360×288 的篮球视频组成的。由于它们的规模较小,因此不适用于训练深度网络模型。Volleyball 数据库[2]采集自 Youtube,起初被用作群体行为识别。它包含 4 830 个视频片段,每个片段有 40 帧,而这个长度不适合验证多目标跟踪方法。NCAA Basketball 数据库[83]由 257 个视频组成,也被用于群体行为识别,但没有标注的跟踪序列,因此不支持验证相关方法。

由于这些数据库中视频的质量较低或者规模较小,在验证现有的方法时,它们不是好的选择。为了弥补这一缺陷,我们首先新采集了一个数据库,然后扩展了 APIDIS 和 NCAA Basketball 数据库,使其可以评估多运动员跟踪任务。

4.3　基于长时间动作依赖的层级深度匹配方法

像大多数的多目标跟踪方法那样,我们提出的多运动员跟踪方法也是采用了基于检测的跟踪流程,即给定一个视频,首先对其进行目标检测,然后在时序上将同一目标的检测框连接起来。在我们提出的方法中,多运动员跟踪被看作离线的层级检测框匹配问题,如图 4-1 所示。第一步,我们利用表观、姿态和位置信息,通过一个深度网络计算出检测框之间的相似度,并基于该相似度连接检测框,生成初步的跟踪片。第二步,我们用所提出的孪生跟踪片相似度网络模型计算出跟踪片之间的相似度,连接跟踪片,生成最后的跟踪结果。孪生跟踪片相似度网络可以根据一对跟踪片组成较完整的动作,并利用动作的完整程度来估计跟踪片之间的相似度。在每一层级中,我们都使用了最小化网络流算法来层级地匹配检测框和跟踪片。接下来,我们将首先回顾最小化网络流算法,然后介绍我们提出的算法跟网络流结合的方式,其中包括了检测框连接代价、孪生跟踪片相似度网络以及跟踪片连接代价。

图 4-1 彩图

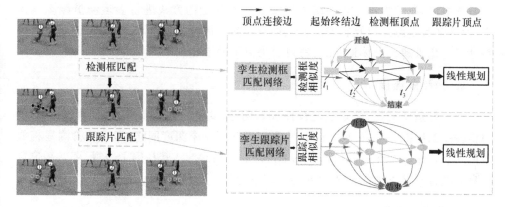

图 4-1 层级匹配过程示例

4.3.1 问题描述

给定一个体育视频,我们首先通过 Faster RCNN[175] 检测运动员目标,得到初始的检测框。我们的目标是在时序上,按照每个运动员的身份信息,将检测框尽可能正确地连接起来。令 $D = d_i^t(x, y, t)$ 为检测框的集合,其中 (x, y) 是原始第 t 帧的位置。一个跟踪片可以定义为相邻检测框的序列 $\tau_k = d_{k_1}^{t_1}, d_{k_2}^{t_2}, \cdots, d_{k_N}^{t_N}$,其中 N 为长度。我们旨在找出这样一个跟踪片的集合,$T^* = \{\tau_k\}$,使其能以最大的后验概率覆盖到检测框集合 D。

在对该问题的多数研究中,多目标跟踪可以建模为最小化网络流问题,其中检测框和连接检测框的代价看作图的顶点和有权重的边。在一个有向图 $G = (V, E)$ 中,起始和终结顶点是特殊的顶点,且每一条边都有关联代价和流向约束。最小化网络流方法要找到一个边的集合,可以按照约束条件将网络流中的单元由初始状态转移到最终状态,从而使网络代价达到最小。这个问题可以用线性规划的方式按照下列公式进行求解。

$$T^* = \operatorname{argmin}_T \sum_i C_i^{\text{in}} f_i^{\text{in}} + \sum_i C_i^{\text{out}} f_i^{\text{out}} + \sum_i C_i f_i + \sum_{i,j} C_{i,j} f_{i,j} \quad (4.1)$$

其中,$f_{i,j} \in \{0, 1\}$ 作用于边 (i, j) 上,是控制网络流的标志。为了保证求解方案对跟踪是有效的,我们需要在求解中添加容积约束,使得检测框仅可以属于一个跟踪片。顶点的代价C_i跟检测框的得分相关联,由检测器提供。如果所有的关联代价都是正的值,那么此问题的平凡解将会是 0。因此我们定义$C_i = -P(d_i)$,$P(d_i)$是检测框为真的概率。代价C_i^{in}和C_i^{out}是指当前跟踪片开始和结束的概率,本书中,我们根据文献[67]将其设置为 0,代表对跟踪片的开始或者结束没有额外的惩罚。检测框连接边的代价$C_{i,j}$是根据检测框i和j之间的相似度得到的。

本书中,我们将最小化网络流扩展成层次联合的方式进行多运动员跟踪。其中,检测框和跟踪片以及它们的关联都看作具有代价的顶点和边,用来组成图结构并进行优化求解。具体地,该方法可分为以下两个步骤。

1. 检测框连接

通过构造图结构,求解上述线性规划问题,我们可以得到初始的网络流,其中包括较短的跟踪片。在这一步骤中,我们设计了一个深度网络,即孪生检测框相似度网络(Siamese Detection Affinity Networks,SDAN),其利用了表观、姿态和位置信息来估计检测框之间的相似度,并以此得到图中边的代价。

2. 跟踪片关联

我们在初始的网络流的基础上增加了新的边,其代表潜在的、可以连接的跟踪片。新的边的代价通过跟踪片之间的相似度得到,其他边保持不变。一旦新的边加入网络流,最小化网络流的解可以进一步求得,即得到最终的跟踪结果。其中,孪生跟踪片相似度网络用于计算跟踪片之间的相似度。

4.3.2 检测框连接代价

检测框的相似度对于生成初始的跟踪片至关重要,初始的跟踪片一旦生成,初始结果中的误差将很难改变。为了更好地生成初始跟踪片,我们考虑了多种线索。上文中提到,运动员往往外观比较相似,难以分辨,因此我们在表观的基础上又加入了姿态、位置特征。我们设计了孪生检测框相似度网络,如图 4-2 所示。它以一对检测框为输入,输出的是它们的相似度。孪生检测框相似度网络参考了孪生网络的结构,包含两个相同的分支,并共享参数。在每一个分支中,姿态信息和表观信息被抽象成高阶特征。其中,我们将原图像的坐标映射到姿态特征中,由此包含了位置信息。具体地,我们采用了两种深度网络来分别计算姿态特征和表观特征,即 Hourglass Networks[176]和 ResNet-101[177]。对于每一个检测框对应的运动员,我们用预训练的模型生成 16 个关节点的二维坐标表示姿态信息,共 32 维。我们以在 ImageNet 上预训练的 ResNet-101 模型为起始点,增加了一个全连接层来提取 32 维的特征,表示表观信息。两种信息进行拼接即得到了特征提取网络的输出。两个分支的特征提取网络输出的特征进行进一步拼接,输入两个全连接网络和 softmax 函数得出一对检测框的相似度 $s_{i,j}$。检测框连接代价的定义为

$$C_{i,j} = 1 - s_{i,j} + \zeta(\Delta T_{i,j} - 1, \Delta T_{max}) \tag{4.2}$$

其中,$\zeta(a,b) = 1 - \mathrm{e}^{\sqrt{a/b}}$,$\Delta T_{i,j}$ 为检测框的时间间隔,需满足 $\Delta T_{i,j} \leqslant \Delta T_{max}$,$\Delta T_{max}$ 为控制最大连接的时间阈值。

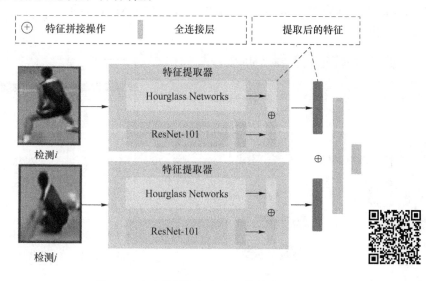

图 4-2　孪生检测框相似度网络结构　　　　图 4-2 彩图

4.3.3　孪生跟踪片相似度网络和跟踪片连接代价

　　如上文所述,我们认为长时间动作的依赖信息有助于运动员目标的匹配。本书提出了新的深度网络,即孪生跟踪片相似度网络(STAN),用来对长时间的动作依赖进行建模,并根据该依赖程度计算一对跟踪片之间的相似度。在体育场景中,运动员的动作信息可能因为遮挡而丢失,而更多的动态信息将会为动作建模带来帮助。文献[178-179]使用深度网络(例如 RNN)来生成未来的动态信息,并取得了预期结果。受其启发,我们设计了一个孪生的预测器,其可以双向地生成未见过的动态信息,使得动作依赖更加完整,从而提高目标匹配的成功率。此外,为了使生成的动态信息更加符合实际情况,我们还利用了生成对抗学习技术训练网络。

　　图 4-3 展示了整个 STAN 的结构,其以一对跟踪片为输入,最后输出的是它们的相似度。STAN 继承了孪生网络的结构,包括 3 个模块。

　　① 特征提取器(Feature Extractor),其将跟踪片转换到特征空间。

　　② 一致性判断的孪生预测器(Siamese Predictor),用来模拟丢失动态信息,以生成更完整的动作。

③ 动作建模器(Action Modeler),对组成的动作进行建模,并判断其依赖性,依此计算一对跟踪片之间的相似度。

对于一致性判断的孪生预测器和动作建模器,我们利用了LSTM 网络的优势,即 LSTM 中的记忆门和遗忘门可以有效地建模较长的时间动态信息,根据上一时刻的隐变量h_{t-1}得到当前时刻的隐变量h_t,并依此类推得到一个序列,即动作表征。接下来,我们将详细介绍每个模块。

图 4-3 彩图

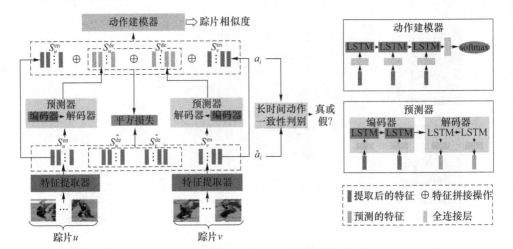

图 4-3 孪生跟踪片相似度网络结构

1. 特征提取器

特征提取器模块取自孪生检测框相似度网络,且与它的姿态特征、表观特征提取方式一致,每一个时间节点生成 64 维的特征。给定一个跟踪片$\tau_i = d_i^1, d_i^2, \cdots, d_i^t$,特征提取器将会产生一个特征序列$S_i = \phi_i^1, \phi_i^2, \cdots, \phi_i^t$。

2. 一致性判断的孪生预测器

一致性判断的孪生预测器模块包括一对共享参数的预测器和一个一致性判断的判别器。其中预测器由两层 LSTM 层组成,即编码器和解码器(图 4-3 中蓝色部分和黄色部分)。它的输入是由特征提取器得出的特征序列$S_u^{en} = \{\phi_u^t\}$,其中$t \in [t_u - T_{enc}, t_u)$是可以观察到的时间段。在最后一个输入向量被读取后,编码器生成最后的隐状态。解码器使用这个隐状态初始化,根据它预测下一个隐状态,并一次输出预测特征,最后产生$S_u^{de} = \{\tilde{\phi}_u^t\}$,$t \in [t_u, t_u + T_{dec})$,代表未观测到的数据。总而言之,解码器可以根据编码器的输出,生成出未观测到的数据。另外,训练这个预测器使用的是平方损失。

$$\mathcal{L}_{\mathrm{pre}} = \frac{1}{N} \sum_{k=1}^{N} \sum_{j=1}^{T_{\mathrm{dec}}} \| \bar{\phi}_k^j - \phi_k^j \| \tag{4.3}$$

其中,N 是分批训练数据的大小,$\bar{\phi}_k^j$ 和 ϕ_k^j 分别是预测的特征和检测框提取的特征。为了构造出长时间的动作动态,左边的序列 τ_u 进行前向预测,右边的序列 τ_v 进行后向预测,以便两者能够连接起来。S_u^{de} 和 S_v^{de} 分别是前向和后向预测的特征。长时间的动态信息可以表示为 $a_i = \{S_u^{\mathrm{en}}, S_u^{\mathrm{de}}, S_v^{\mathrm{de}}, S_v^{\mathrm{en}}\}$。

如文献[180]强调的那样,长时间的预测会导致误差的累积。受生成对抗网络(GAN)的启发,我们在动作建模网络里使用了对抗训练,并设计了一种判别器来判断观测数据和预测数据组成的动作的一致性。本方法中,一致性判别器采用了与动作建模器相同的结构,输出的是输入序列是正样本的概率。我们将经过预测的特征 a_i 看作假的样本,直接从检测框序列中提取的特征 $\hat{a}_i = \{S_u^{\mathrm{en}}, \hat{S}_u^{\mathrm{de}}, \hat{S}_v^{\mathrm{de}}, S_v^{\mathrm{en}}\}$ 为真样本。接下来,损失函数通过裁定预测器生成的样本能不能骗过判别器来进一步提高预测器预测的能力。根据文献[181],损失函数是下列最大最小优化问题:

$$\arg \min_{\mathcal{P}} \max_{\mathcal{D}} \mathcal{L}_{\mathrm{adv}}(\mathcal{D}, \mathcal{P}) = \mathbb{E}_{\hat{a}_i} [\log \mathcal{D}(\hat{a}_i)] + \mathbb{E}_{S_u^{\mathrm{en}}, S_v^{\mathrm{en}}} \tag{4.4}$$
$$[\log(1 - \mathcal{D}(\{S_u^{\mathrm{en}}, \mathcal{P}(S_u^{\mathrm{en}}, S_v^{\mathrm{en}}), S_v^{\mathrm{en}}\}))]$$

其中,分布 $\mathbb{E}(\cdot)$ 描述的是训练样本序列。值得注意的是,成对的跟踪片有正负之分。当一对跟踪片属于同一个目标时,组成的动作样本为正,否则为负。因此提取的动作特征可能对应的不是一个目标完成的动作,而是两个不相干的部分。我们在两种情况下探索加入对抗训练的效果,一种是只对正样本做训练,另一种是对全部样本做训练。

3. 动作建模器

动态建模由动作建模器完成,它包括一层 LSTM 层和一个 softmax 分类层。给定输入特征 a_i,LSTM 层用来对动作的依赖信息进行建模,并存储到隐状态 h_a 中。softmax 分类层以 h_a 作为输入进行二分类,即估计一对跟踪片属于同一个运动员的概率,也就是一对跟踪片的相似度。训练中,我们采用了交叉熵损失。

$$\mathcal{L}_{\mathrm{cls}} = \frac{1}{N} \sum_{k=1}^{N} \sum_{l=1}^{C} y_{k,a,l} \log \hat{y}_{k,a,l} \tag{4.5}$$

其中,N 是训练分批数据数量,C 是类别数目,$y_{k,a,l}$ 是预测概率,$\hat{y}_{k,a,l}$ 是实际的标签。

4. 训练和测试

在训练阶段,我们结合了对抗损失、预测损失和分类损失来优化模型,整体的损失为

$$\mathcal{L}=\arg \min_{\mathcal{P}}\max_{\mathcal{D}}\mathcal{L}_{adv}(\mathcal{D},\mathcal{P})+\mathcal{L}_{pre}(\mathcal{P})+\mathcal{L}_{cls}(\mathcal{M}) \tag{4.6}$$

$\mathcal{P}$ 和 $\mathcal{M}$ 试图最小化损失,而 $\mathcal{D}$ 旨在最大化损失。$\mathcal{L}_{pre}(\mathcal{P})$ 包括一对平方损失,即 $\mathcal{L}_{pre}(\mathcal{P})=\mathcal{L}_{pre}(\mathcal{P}_u)+\mathcal{L}_{pre}(\mathcal{P}_v)$,对应一对预测器。

根据损失 $\mathcal{L}$,STAN 可以进行端到端的训练。实际上,为了更快的收敛,我们分阶段进行了训练。首先,我们先用平方损失训练预测器初始化网络参数。然后,用 $\mathcal{L}$ 优化整个网络。在测试阶段,给定一对不同长度的跟踪片,我们可以通过 STAN 得到它们的相似度。具体地,我们先计算两个跟踪片之间的时间距离 $\Delta T_{u,v}$,每个预测器再根据观测的数据预测长度为 $\lceil \Delta T_{u,v}/2 \rceil$ 的动态信息,以构造出较完整的动作依赖。最后,将构造出来的动态序列输入动作建模器,计算最终的相似度 $S_{u,v}$。基于此相似度,我们设计了跟踪片关联代价。当 STAN 比较肯定一对跟踪片属于同一个目标时,得出的相似度将会较高,而关联的代价应该较低,以鼓励两者进行关联。因此,相似度与关联代价成反比。形式上,关联代价 $C_{u,v}$ 定义如下。

$$C_{u,v}=1-S_{u,v}+\zeta(\Delta T_{u,v},\Delta \hat{T}_{max}) \tag{4.7}$$

其中,$\Delta \hat{T}_{max}$ 是可以进行连接的最大时间距离。当带有跟踪片代价的边加入图之后,将更新最小化网络流,再次得到最小代价的网络流,并以此生成最后的跟踪轨迹。

4.4 数 据 库

如前文所提到的那样,现如今可以验证多运动员跟踪方法的公开数据库较少,而可以验证基于深度学习方法的更少。因此,我们除了在现有的基础上进行扩展外,还采集了一个新的数据库。本书第 3 章提出的 BeaVoll 数据库由于取自沙滩排球视频,只有 4 个运动员目标,不适合评估多目标跟踪方法。

1. APIDIS 数据库

APIDIS 数据库是在篮球比赛中由 7 个摄像机捕捉得来的,其中 5 个场边视角,2 个顶视角。图 4-4 列出了部分视角的画面,两个顶视角是用的鱼眼摄像机,其他为正常相机。该数据库有复杂的光照条件,公开的标注有 1 500 帧,包括多个视角下运动员的位置信息。但是由于公开的数据规模较小,对于构建深度模型来说并不是好的选择。因此,我们在此基础上进行了扩展,选取了第 6 个机位的时长为 15 min 的视频,该视频包括 13 个回合,每个回合持续 10~20 s。扩增之后的数据总共包含了 13 个视频序列,共 5 764 帧,分辨率为 1 600×1 200,帧率为 22。在每一帧中,我们标注了赛场上的 2 个裁判员和 10 个运动员目标。在该数据库中,我们随机选择 7 个序列用作训练,剩下的用作测试。

2. NCAA Basketball 数据库

NCAA Basketball 数据库收集自 Youtube 上的 NCAA 篮球比赛视频,通常用作群体识别任务。图 4-4 展示了部分示例。每个视频持续约 1.5 h,并且分成了若干个 4 s 的片段,对应各个行为。遗憾的是,该数据库并没有提供真实的跟踪轨迹,而是由跟踪算法获得,因此不能直接验证多运动员跟踪方法。为满足需求,我们手工标注了一定数量的视频帧。具体地,我们在一个视频中随机选择了 4 个回合(每个持续约 300 帧),在每一帧上标注了每个目标的包围盒。新序列共包括 1 179 帧,帧率为 30,分辨率为 640 × 480。由于其规模较小,并考虑跟 APIDIS 数据库的相似性,我们在训练阶段使用 APIDIS 数据库的训练集和 2 段 NCAA Basketball 序列,其他 2 段序列则用于测试。

图 4-4　APIDIS 和 NCAA Basketball 数据库视频样例

3. VolleyTrack 数据库

除了上述两个数据库,为了更好地验证多运动员跟踪方法,我们还建立了一个新的数据库,即 VolleyTrack 数据库。图 4-5 展示了一些样例视频帧。该数据库包括 18 个视频序列,采集于 Youtube 上世界级的排球比赛。每个视频都是后视角,并伴随着光照的变化、人体的形变等复杂场景。排球比赛有明显的回合特性,因此我们选取每个回合作为一个序列,大概持续 10 s。整个数据库包括 5 406 个视频帧,以 30 为帧率进行采集,分辨率为 1 920×1 080。由于场地两边有相同的设置,我们仅标注了靠近摄像机的一边的运动员的位置。在 18 个视频序列里面,一半用作训练,另一半用作测试。

图 4-5　VolleyTrack 数据库视频样例

我们知道,在基于检测的多目标跟踪中,目标检测器起了至关重要的作用,而目标检测任务超过了本书的研究范围。本书中我们验证了现如今先进的几种检测器在本数据库上的性能,最终选择了最好的一个,即 Faster RCNN,并将其在目标库上进行了微调。因此,在所有的实验中,我们都是用以 Faster RCNN 生成的检测框来做评估的。不同数据库的数据统计如表 4-1 所示。考虑这 3 个数据库的特性,我们都将其与现有先进方法进行了比较,但是只在 APIDIS 和 VolleyTrack 数据库上进行了消融实验。

图 4-4 彩图

图 4-5 彩图

表 4-1　不同数据库的数据统计

数据库	片段	时长	帧数	标注框	检测框	原始视频	视角
APIDIS	13	10～20 s	443.4	4 212.3	4 565.6	篮球比赛	侧视
NCAA Basketball	4	8～10 s	294.8	2 830.1	2 424.7	篮球比赛	侧视
VolleyTrack	18	8～12 s	300.3	1 756.8	1 971.5	排球比赛	后视

4.5　实验结果与分析

为了验证所提出的方法,我们在上述 APIDIS 和 VolleyTrack 数据库上做了实验。在下文中,我们将介绍实验细节、评估指标、与其他方法的比较结果以及实验结果分析。

4.5.1　实验细节

在孪生检测框相似度网络(SDAN)的训练过程中,我们随机地指定目标来选取正负样本。其中,正样本为一对来自同一目标的检测框,负样本为来自不同目标的检测框。由于运动员的形变较快,我们在选取样本时,限制一对检测框的时间点距离不超过 18 帧。SDAN 的第一个全连接设置为 256 个节点,参数丢弃比率为 0.5。为了简化任务,我们冻结了 Hourglass Networks 和 ResNet-101 的参数,仅微调全连接层。在 STAN 的训练阶段,我们随机地在真实的标注轨迹上选取样本。正样本是来自同一个目标的轨迹,负样本是来自不同目标的轨迹。其中,我们将正样本的长度设定为 36 帧,在此基础上分成等长的一对 18 帧的跟踪片,该长度由训练集的验证结果获得。负样本同样包含一对 18 帧的跟踪片,但是来自不同的目标的轨迹。本次实验中,我们设定 $T_{enc} = 12$,$T_{dec} = T_{enc}/2$。LSTM 网络中的隐状态个数被设置为 512。对于所有的网络,Adam[156] 被用于优化,起始速率为 0.000 1,批数量定为 64。对于 APIDIS 和 VolleyTrack 数据库,我们分别进行训练模型。对于 NCAA Basketball 数据库,我们使用在 APIDIS 数据库上的训练模型,再进行微调,实验设置保持一致。为了减少虚警目标带来的影响,我们使用一个预定义的阈值过滤掉短的跟踪片。

当比较现今流行的多目标跟踪方法时,例如 CEM[66]、MHT_DAM[170] 和 ELP[67],我们使用了它们公开的代码。对于每个数据库,我们根据训练集调整参数使得在验证集上最大化跟踪精确率。鉴于很多方法没有公开代码,所以很难在我们的数据库上跟它们进行比较。虽然有很多困难,但是我们尽最大的努力去复现了 Siamese CNN[75] 和 MDPNN16[74]。对于文献[75],我们建立了 3 个基于 RNN 的网络,并将检测框匹配分数嵌入 MDP 中。根据文献[74],我们利用表观和光流两部分信息训练了一个孪生 CNN，并使用梯度提升算法融合特征，用于计算检测框相似度。

4.5.2　评估指标

我们使用了多目标跟踪任务中流行的评估指标来验证针对多运动跟踪的方法。其中，识别 F1（IDF1）分数和多目标跟踪准确率（Multiple Object Tracking Accuracy，MOTA）是两个流行的、衡量算法能力的指标。IDF1 是指在真实的标注和检测框之中被正确识别到跟踪轨迹的比例。MOTA 给出了直观的评估方式，指的是有多少检测框在正确的轨迹上。多目标跟踪精确率（Multiple Object Tracking Precision，MOTP）展示了一个跟踪算法得出的检测框的精确率。此外，我们还使用了最多跟踪到的目标（Mostly Tracked targets，MT），其为跟踪对的轨迹与真实轨迹的比率，其中跟踪轨迹与真实轨迹重合度大于 80% 时被认为是对的跟踪轨迹。类似地，最多丢失的目标（Mostly Lost targets，ML）是指两者重合度低于 20% 的跟踪轨迹数目。虚警率（False Positive，FP）是指假的目标被认作真实目标的数目。漏检率（False Negative，FN）指的是真实目标被遗漏的数目。理想情况下的身份信息应该一直不变；但是中间可能会因为遮挡或者其他特殊情况导致跟踪器失败，跟踪身份被切换。身份切换（ID Switch，IDS）是指中间切换的次数。为了评估深度模型，我们使用了准确率，即分类正确的样本占所有样本的比例。如果分类分数大于 0.5，即认为属于该类别。

4.5.3　结果分析

我们首先通过对比一系列基准设置来验证所提出的方法，其次再对比现在先进的方法做进一步的验证。本书所提出的 STAN 是为了构造更完整、更符合实际的动作动态信息，对长时间的时序信息进行建模。鉴于此，我们构造了下列 4 种基准设置，用于验证上述每一部分的效果。

① B1-不使用 LSTM 网络进行时序建模。在得到每一帧的特征后，我们直接在时序上进行池化操作得到一对特征向量。它们经过连接后输入 softmax 分类层进行二分类，估计跟踪片的相似度。

② B2-不使用动态信息预测。在 STAN 的基础上，我们移除了一致性判断的孪生预测器，只使用初始的跟踪片计算相似度。

③ B3-不使用一致性判断器。我们移除了 STAN 中一致性判断的孪生预测器中的一致性判别器。换句话说，在构造更完整的动作过程中，我们没有使用对抗损失进行训练。

④ B4-对抗训练中不使用负样本。在对抗训练中,我们摒弃了负样本,即来自于不同目标的跟踪片,只使用来自同一目标的跟踪片。

表 4-2 展示了在跟踪框匹配阶段,也就是在 SDAN 训练时,使用不同特征的性能。可以看到,在 APIDIS 和 VolleyTrack 数据库上,比起表观(Appearance)特征,姿态(Pose)特征更加有效。在结合了姿态特征和表观特征(Pose+Appearance)后,模型性能有所提高。在表 4-3 中,我们对比了 STAN 跟上述 4 种基准设置。通过 STAN 和 B1 的对比结果,我们可以得出 STAN 中长时间动作依赖建模非常重要,得到的准确率比简单的池化操作高出了 10% 左右。STAN 的结果比 B2 要好,说明构建更完整的动态信息可以提升匹配精度,而达到这一结果就需要动态信息预测的配合。在进行动态信息预测的时候,STAN 包含了对抗训练操作,可以使预测出的动态信息更加真实、符合实际,因此可以进一步提升匹配精度,而这一结论可以通过 STAN 跟 B3 的对比得出。在上文中,在判断一对跟踪片是否匹配时,它们有来自同一目标的也有来自不同目标的。当来自不同目标时(即一对跟踪片为负样本),它们在 STAN 中构造出的长时间的动作信息是前后不连贯的,那这种情况下对于对抗训练有多大的影响?换句话说,我们使用所有的样本与不使用这部分负样本有什么区别?这个问题可以由 STAN 与 B4 的对比结果来回答。可以看到,前者的表现略微有优势,说明在对抗训练中考虑了负样本会带来精度的提升,可以更好地使负样本下的一对跟踪片分开。

表 4-2　SDAN 中使用不同特征的性能比较

特征	APIDIS	VolleyTrack
Pose	93.2%	91.3%
Appearance	71.1%	78.3%
Pose+Appearance	**94.5%**	**92.2%**

表 4-3　STAN 与不同基准方法的性能比较

基准方法	APIDIS	VolleyTrack
B1(w/o action modeling)	68.4%	66.5%
B2(w/o dynamics prediction)	77.2%	72.3%
B3(w/o consistency awareness)	81.8%	75.3%
B4(w/o negative samples)	86.4%	83.7%
STAN	**88.7%**	**84.2%**

在表 4-4、表 4-5、表 4-6 中,我们在 APIDIS、VolleyTrack 和 NCAA Basketball 数据库上比较了我们提出的方法和先进的、针对 MOT 和 MAT 的方法。如前文所强调的那样,我们提出的方法对体育场景下的多目标伴随着比较相似的外观和非常大的运动员人体形变问题做了特殊的设计,在多个指标上取得了较其他先进

方法更好的跟踪结果,例如 MHT_DAM、CEM、ELP、Siamese CNN、MDPNN16 和 PTSNT[182]。尤其是在 IDS 指标上更为明显,说明了其保持身份信息的能力较其他方法更好。在这些方法中,PTSNT 针对多运动员跟踪在精度和速度上达到了较好的平衡。但是由于缺乏全局信息,跟踪轨迹中丢失了一些目标,因此 MOTA 指标比我们的方法低。我们提出的方法中第一个步骤(检测框连接)略微胜过 Siamese CNN。但是我们提出的整个方法,即加入 STAN 进行跟踪片关联之后,取得了很大的优势。这证明了在 MOT 中常用的类孪生网络结构用关联检测框的方式处理多运动员跟踪的能力是不足的,在体育场景下仍然需要额外的线索。此外,我们还展示了这些方法在测试阶段的速度。所有的测试都是在配置为双 Intel(R) Xeon E5-2620 v2 CPU,(12-core,2.6 GHz),16 GB RAM 和一个 1080Ti GPU 的机器上完成的。可以看到,尽管 Siamese CNN 方法有稍快的处理速度,但其跟踪精确率不如我们提出的方法。

表 4-4　APIDIS 数据库中不同跟踪方法的比较,其中 * 代表在线匹配模式

方法	IDF1↑	MOTA↑	MOTP↑	MT↑	ML↓	FP↓	FN↓	IDS↓	FPS↑
MDPNN16 * [74]	53.6	74.1	80.1	55.6	21.5	768	2 812	192	1.2
CEM[66]	47.0	64.2	77.1	45.6	22.8	1 506	3 037	185	1.1
MHT_DAM[170]	49.3	73.5	79.1	50.7	23.2	863	2 785	231	0.8
ELP[67]	57.0	76.0	80.8	56.6	21.0	794	2 559	197	3.7
PTSNT * [182]	58.0	75.2	80.5	52.6	21.0	748	2 967	237	**30**
Siamese CNN[75]	54.4	75.6	80.7	56.3	22.2	716	2 664	213	6.2
DA (Ours)	55.3	75.3	81.0	57.3	21.3	**706**	2 650	223	7.2
HDA (Ours)	**58.9**	**76.3**	**81.8**	**60.1**	**19.2**	784	**2 550**	**163**	5.1

表 4-5　VolleyTrack 数据库中不同跟踪方法的比较,其中 * 代表在线匹配模式

方法	IDF1↑	MOTA↑	MOTP↑	MT↑	ML↓	FP↓	FN↓	IDS↓	FPS↑
MDPNN16 * [74]	78.3	72.7	64.0	45.5	18.3	560	882	85	1.1
CEM[66]	82.8	80.1	76.2	57.1	11.4	378	726	68	1.1
MHT_DAM[170]	80.9	84.9	76.3	55.3	35.1	314	818	94	0.7
ELP[67]	84.4	83.3	75.1	54.3	28.2	325	748	63	2.6
PTSNT * [182]	80.7	84.7	76.4	56.6	33.3	**296**	792	54	**28**
Siamese CNN[75]	81.4	83.3	75.2	55.7	18.2	375	768	93	6.0
DA (Ours)	82.2	84.3	76.1	56.3	10.3	356	555	112	6.9
HDA (Ours)	**86.8**	**85.3**	**79.5**	**58.9**	**10.2**	312	**544**	**45**	5.0

表 4-6　NCAA Basketball 数据库中不同跟踪方法的比较,其中 * 代表在线匹配模式

方法	IDF1↑	MOTA↑	MOTP↑	MT↑	ML↓	FP↓	FN↓	IDS↓	FPS↑
MDPNN16 *[74]	42.2	73.2	74.9	45.0	5.0	174	1 133	85	1.7
CEM[66]	36.1	50.8	52.1	25.0	15.0	831	1 698	**70**	1.5
MHT_DAM[170]	44.5	69.2	68.6	35.0	10.0	153	1 140	84	1.1
ELP[67]	44.8	75.8	77.4	45.0	5.0	167	1 008	86	4.3
PTSNT *[182]	48.5	72.2	73.6	35.0	5.0	**133**	1 240	74	**34**
Siamese CNN[75]	44.4	75.2	76.9	45.0	0	164	1 033	91	7.6
DA (Ours)	44.3	75.1	76.9	45.0	0	180	1 020	96	8.5
HDA（Ours）	**49.1**	**76.2**	**77.7**	**55.0**	**0**	181	**978**	78	6.4

　　图 4-6 展示了 APIDIS 和 VolleyTrack 数据库中可视化跟踪结果样例。经过预测不可见的动态信息,构造出更完整的动作依赖,我们所提的方法关联目标更加准确。当因为目标遮挡、靠近而导致漏检,目标轨迹会出现多个跟踪片。我们所提的方法很大程度上可以将它们准确连接起来,例如 01、02、04、05、07 序列中绿色的虚线圈。同时,我们注意到本方法在一些极端情况下会出现连接错误。例如:03、08 序列中,红色虚线圈里的目标被多人包围,导致身份错误;06 序列中,红色框里的目标在长时间出画面后被赋予了新的身份。

图 4-6 彩图

图 4-6　所提方法的可视化跟踪结果

　　本方法较以前的方法的一个优势是可以利用长时间的动作依赖信息。因此,我们探索了不同的训练预测器所用的间隔长度。该长度本质上跟 LSTM 网络的时间节点数目一致。图 4-7 展示了间隔参数 T_{enc} 和 T_{dec} 对跟踪精度的影响,横坐标为参数大小,以帧数计算,纵坐标为 IDF1 分数,$T_{\text{max}}=0$ 代表比允许间隔大于 0 的跟踪片连接,即不进行跟踪片连接。此时的算法退化成了我们所提出的方法中的第一个步骤,即检测框连接。可以看到,当 T_{max} 变大时,跟踪能力会随着提升,但当达到一定的值后将趋于稳定。在 APIDIS 数据库中最大间隔为 21 帧,VolleyTrack 数据库中设置为 14 帧时取得的成绩最好。

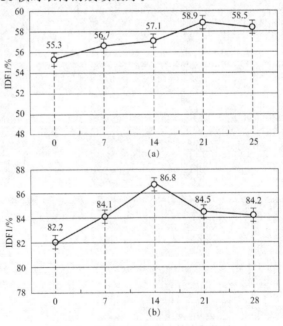

图 4-7　间隔参数对跟踪精度的影响

本 章 小 结

　　本章中,我们针对体育场景下的多运动员跟踪问题,提出了一种层级深度匹配的方法,以应对运动员表观相似、频繁遮挡等诸多挑战。本方法通过建模长时间的动作信息,增强目标表示的判别性,提高目标匹配的精度。具体通过层级地匹配检测框和跟踪片来完成跟踪,其中匹配采用了离线全局最小化网络流的策略。对于检测框匹配,提出了孪生检测框相似度网络(SDAN),其利用了表观信息、姿态信息建立有效的深度匹配特征,用来生成稳定的初始跟踪片,以减少下一级匹配中的误差。对于跟踪片匹配,我们设计了一种新的深度网络,即孪生跟踪片相似度网络(STAN),其可以针对长时间的动作动态信息进行建模来匹配目标。通过两个层级的匹配,相似表观的运动员可以根据动作的依赖进一步区分,提高了关联精度。我们在 3 个体育场景下的数据库(VolleyTrack、APIDIS 和 NCAA Basketball)上做了充分的实验,而实验结果证明了我们提出的方法较其他多目标跟踪方法的优越性。

第 5 章

基于注意力机制和上下文建模的
体育视频中群体行为识别方法

5.1 引 言

在机器视觉领域,识别视频中更高层级的群体行为一直以来是一个非常有挑战性的任务。与前文所研究的单目标行为不同,群体行为为一个场景下一个小群体共同所演绎的行为。该任务可以为很多现实中的应用提供基础,例如智能监控、异常行为检测、体育视频中技战术识别等。虽然群体行为识别有非常大的作用,但是目前针对群体行为的研究还比较小众,公开的数据库主要针对的是体育场景,例如足球、篮球和排球比赛。这是因为体育比赛中的群体行为比较常见,运动员往往通过彼此之间的配合完成进攻。相比之下,日常生活中的群体行为往往较为简单,比如监控场景下大多为行人,彼此关联不多,因此共同演绎的行为较少,而诸如打架、合作救人这样的群体行为非常少见。本章主要研究体育视频中群体行为识别,并提出一系列的解决方案。

鉴于群体行为的关键是个体之间的配合,以前研究群体行为识别的方法大多数是人工构造上下文关系的描述子[1,79]或者根据个体建立图模型来挖掘群体中的关系[183,82,81]。文献[1]提出了一套框架来识别行人群体活动。该框架包括行人检测、姿态估计、行人跟踪、构建时空描述子,结合单人运动、手势构造特征向量,最后使用支持向量机分类器进行群体活动识别。然而这种描述子对于个体动作相似的群体活动时表现不够鲁棒。文献[79]提出的随机时空描述子改进了这一问题,其基于随机森林动态地选择场景中有意义的部分来组建特征,从而使得表征更加具有可判别性。文献[82]提出了一种层级的图结构来理解体育比赛场景中的群体行为,将群体行为划分为几个级别,包括从低级别的个体动作、中层级的交互行为到高级别的群体行为。这样由低到高依次建模，可以保证高层信息更好地包含底层信息和底层对象的关系信息。文献[81]探索了对个体交互建模的不同方式，提出了一种新的基于隐变量学习的方法来隐式地学习关系信息。然而，我们可以看到，以上的方法都是基于人工设计特征或者结构来捕捉群体中信息的，并没有用到现如今比较流行的深度学习技术，因此在某种程度上行为的表征受到了限制。

随着深度学习的快速发展，有不少基于深度学习的方法应用到群体行为识别上来。同传统方法一样，这些深度模型也是为了捕捉群体中的关系、结构等信息。受益于深度模型更高的表征能力，这些方法取得了比传统方法更好的结果。文献[2]所提出的是一个典型的深度学习框架，使用 LSTM 网络层级地在时序上建模个体动作和群体行为。首先，该框架使用 LSTM 网络对每一个个体提取时序特征，在每一帧输出隐式的表示；其次，在每一帧上使用最大池化和平均池化操作，将所有个体的隐式表示池化为等长向量，作为一个时间点上的群体表示；最后，使用 LSTM 网络对时序上的群体表示再次进行动态建模，得到最后的群体行为特征。因为池化操作是取所有向量的最值，不进行区别对待，所以该框架是同等地看待每个个体。然而，现实情况下的群体行为中，个体所做的贡献是不同的，关键个体往往对整个群体行为起着至关重要的作用。举例来讲，在排球比赛中，扣球可以描述为传球手将球传给进攻手，再由进攻手跳起进行进攻扣球。在这个行为中，进攻手显然应该较其他队员受到更多的关注。

基于上述分析，同时受文档分类方法[184-185]的启发，我们提出了一个层级的具有注意力机制的 LSTM 网络来探索不同个体以及他们不同身体部分的重要性，并进行区别性地建模。与有些方法直接进行池化不同的是，我们提出的方法对于不同的个体和个体的身体部分可以进行具有注意力的池化。此外，在文献[2]只进行个体级别注意力池化的基础上，我们对个体身体部分进行了注意力池化。这可以类比于文档分析，段落是由句子组成的，而句子是由单词组成的。每个单词在句子中的贡献不同，而每个句子在段落中的贡献也不同，都需要进行区别对待。由于将更有意义的单词和句子进行权重提高，文献[185]的方法取得了较大的精度提升。

此外，像文献[4]声明的那样，将群体中个体进行分组，然后分别在组内和组间建模其关系，可以更好地丰富关系特征，提升精度。例如，在排球比赛中有两个队伍，可以分成两组，相同队的不同队员有交互，不同队之间也有交互，他们都需要进一步地进行关系挖掘。文献[4]提出的方法中使用了一种递归编码的模式，来对组间和组内的人员交互信息进行建模。然而，其运用了多阶段特征提取的方式，不能进行端到端的训练。我们基于此方法，建立了一个整体的网络，直接进行特征提取。具体地，我们提出了一个层级上下文网络（Hierarchical Context Networks，HCNs），可以直接对组内和组间的关系进行建模，不需要额外的中间特征提取操作，因此可以进行端到端的训练，提升效率。

实际上,这两个问题,即关注到对群体行为贡献较大的重要个体以及针对个体之间的关系进行建模,对于群体行为识别至关重要,如图 5-1 所示。然而,目前已有的方法都是单独应对某个问题,未能提供一种可以应对两个问题的方案。因此,本章将上述两个问题结合到一起,提出了一个整体的框架,如图 5-2 所示,其包括上述的两个网络来分别应对这两个问题。首先是层级注意力网络(Hierarchical Attention Networks,HANs),在原始的 LSTM 网络上进行了注意力机制拓展,可以在行为演绎的过程中针对个体以及个体的身体部分学习不同注意级别的信息。个体级的特征可以通过在个体身体上进行有注意力的池化操作得来,而群体级的特征可以通过在不同的个体上进行有注意力的池化操作得来。通过实施不同级别的注意力,我们可以在每一帧上得到个体表示和群体表示。紧接着,HCNs 以个体的表示特征作为输入,通过两层的 LSTM 网络,级联地输出组间和组内的关系特征。需要注意的是,在注意力机制的帮助下,层级关系网络可以突出更有意义的关系信息,更好地进行关系建模。例如,在排球中的二传行为中,如果二传被更多地关注,那么二传与其周围个体的交互也会被更多地关注,而这些信息都更有利于二传行为的识别。最后,群体级的特征和关系特征进行拼接组成最后帧级别的表征,并输入另外一层 LSTM 网络中进行建模及识别群体行为。我们在两个国际流行的数据库上验证了本方法。其中,Volleyball 数据库是针对的体育场景,Collective Activity 数据库是日常监控场景。实验结果表明我们的方法优于现有的先进方法。

图 5-1 彩图

图 5-1 群体行为中的两种重要信息

本章剩下的内容安排如下。5.2 节详细介绍我们提出的方法。5.3 节分别进行数据库的介绍和实验分析。最后总结本章内容。

图 5-2 彩图

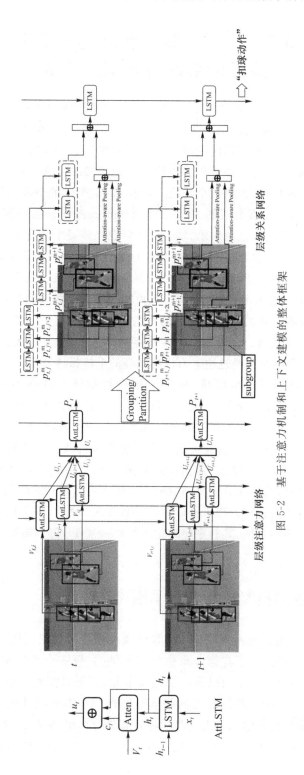

图 5-2 基于注意力机制和上下文建模的整体框架

5.2　基于注意力机制和上下文建模的群体行为识别方法

图 5-2 展示了本章所提出的方法,给定视频中的图像帧序列,我们首先根据文献[126]的方式,采用单目标跟踪器获取每个个体的跟踪片,即人体包围框的序列。这些跟踪片作为输入,我们提出的层级注意力网络和上下文网络来提取具有注意力、上下文信息的群体行为描述子。我们首先使用层级注意力网络提取个体中更有意义的信息。具体地,在第一个注意力层次,给定个体的空间特征,先在时序上组成序列,再输入有注意力机制的 LSTM(Attention-aware LSTM,AttLSTM)网络,得到每一个个体时序上的表示,该表示可以在人体每个部分上分配权重。类似地,在第二个注意力层次,将场景中的不同个体的时序序列输入第二层 AttLSTM 网络,得到群体的表示。其中,每一个时间节点上的群体表示是所有个体特征的加权和,即对场景中的个体已经区别对待,且更加关注贡献更大的个体。层级注意力网络可以同时建模个体的动作和群体的行为信息演化,其中个体动作的演化为群体行为演化提供了基础。在每一个时间节点,我们可以通过层级注意力机制网络(HANs)得到场景中所有经过注意力机制处理的个体描述特征。

紧接着,层级关系建模网络(HCNs)以个体描述特征作为输入,通过两层 LSTM 网络,级联地输出组间和组内的关系特征。我们首先将场景中的个体分为不同的类别组,其往往有较为相似的表观或者相似的行为,例如排球比赛中两个不同的队伍。我们将组内的个体特征按照个体位置排列成有序序列,输入 HCNs 的第一层 LSTM 网络,将其输出再进行排列,输入第二层 LSTM 网络,得到全局表示。需要注意的是,通过注意力机制后每个个体在进行排列的时候也附加了权重,可以更好地进行关系建模。最后群体级的关系特征和每个组的注意力池化特征拼接组成最后的帧级别表征,其时序序列输入另外一层 LSTM 网络中进行建模并识别群体行为。

5.2.1　注意力机制的 LSTM 网络结构

总体上,层级注意力网络(HANs)和层级关系建模网络(HCNs)基于 LSTM 单元建立,这里我们采用了与第 3 章中类似的结构,每一个 LSTM 单元包括 3 种门,即输入门、输出门、遗忘门以及一个记忆单元,其可以接收时序上的一个序列,进行时序动态建模,输出相同长度的隐状态序列。具体地,在每个时间节点,这 3 种门和记忆细胞都会和输入与上一步的隐状态进行作用,更新自身状态,并由此更新隐状态输出。归功于遗忘门和记忆单元,LSTM 网络可以学习长时间的动态演化,更好地建模长时序信息,同时更容易训练。

如上文所提到的那样,序列中每个元素对于高层的任务有不同的贡献,人们希望能够区别对待这些元素,即对于贡献高的增加关注,贡献低的降低关注。近十年来,许多研究在多个领域尝试使用注意力机制,可以自动地通过数据驱动的方法对不同元素学习不同的权重。本书参考文献[186]的注意力机制,其设计了一种空间注意力的 RNN 模型,结合编解码器(Encoder-Decoder)结构,在图像描述生成任务上取得了很好的表现。

本书所使用的具有注意力机制的 LSTM(AttLSTM)网络即在原生 LSTM 结构的基础上增加了注意力操作,从而可以区别地使用输入特征,并将其与 LSTM 网络的隐状态h_t相融合,生成序列表示。这部分上下文信息$\hat{c}_t$是由当前的隐状态和输入特征计算得到,可以定义为

$$\hat{c}_t = g(\boldsymbol{V}, h_t) \tag{5.1}$$

其中,g 是计算注意力的方程,$\boldsymbol{V}$ 是输入特征序列,h_t是 LSTM 网络的隐状态。我们将输入特征序列 $\boldsymbol{V}$ 和当前时刻的隐状态h_t输入一层神经网络中,之后再送入 softmax 分类层中,以计算在序列上的注意力权重的分布$\boldsymbol{\alpha}_t = (\alpha_{t,1}, \cdots, \alpha_{t,K})$。根据这个分布,上下文信息$\hat{c}_t$可以由加权求和得到

$$\hat{c}_t = \sum_{i=1}^{K} \alpha_{t,i} \, v_{t,i} \tag{5.2}$$

随后,$\hat{c}_t$进一步和h_t融合,得到该时间节点的表示。这个过程可以看作给隐状态特征增加残差信息。

5.2.2　层级注意力网络

层级注意力网络(HANs)在建模个体动作演化、群体行为演化的同时,还可以探索人体部分在个体上面、个体在群体上面的重要程度。具体地,该网络可以分别在个体级别和群体级别给不同的人体部位、不同的个体赋值不同的权重,更显著的部分以及个体会往往更受关注,被赋予较高的权重。在每一层注意力权重计算中,我们采用了 AttLSTM 结构。层级注意力网络包含两层 AttLSTM 结构,分别用于个体动作建模和群体行为建模。如前文所述,AttLSTM 结构中包含隐状态 h,注意力权重 $\boldsymbol{\alpha}$ 和由这两个变量计算出来的上下文信息 c,每一个时间节点都将包含这些信息。在第一层用于建模个体动作时,每一个 AttLSTM 单元将一个个体图像区域的 CNN 特征作为输入,对应一个个体的动作建模。在一个时间节点,$\boldsymbol{\alpha}$ 对应一个个体身体的各个部分,c 是经过注意力机制的外观表示,即所有人体部分的加权和,c 和 h 进一步融合用于该个体在该时间节点的动作表征以及动作分类。每个时间节点上,场景中的多个个体的动作表征作为输入进入下一层 AttLSTM 结构,

来进行群体建模。此时，$\boldsymbol{\alpha}$ 对应场景中的多个个体，c 是多个个体动作表征的加权和。我们融合了 c 和 h 来表示当前时间节点的群体行为，而所有时间节点表征的均值将作为最终的群体行为表征。

具体地，当注意力机制作用在个体级别时，在每一个时间节点上，我们将每个个体的跟踪框等分成 K 部分，分布成矩形并标记为

$$\boldsymbol{V}_t = (v_{t,1}, \cdots, v_{t,K}) \tag{5.3}$$

其中，$v_{t,i}$ 代表人体的第 i 个部分。给定 $\boldsymbol{V}_t$ 和 AttLSTM 结构中的隐状态 h_t，每个部分的权重 $\boldsymbol{\alpha}_t$ 计算如下。

$$s_t = w_h^T (\tanh(W_v V_t) + W_h h_t) \tag{5.4}$$

$$\alpha_{t,k} = \frac{\exp(s_{t,k})}{\sum\limits_{i=1}^{K} \exp(s_{t,i})} \tag{5.5}$$

其中，W_v、W_h 和 w_h 是可以学习的参数。根据以上的权重，上下文信息 c_t 可以表示为

$$c_t = \sum_{i=1}^{K} \alpha_{t,i} \, v_{t,i} \tag{5.6}$$

我们将 c_t 进一步地跟隐状态 h_t 相融合，得到个体的动作表征 u_t。

$$u_t = c_t \oplus h_t \tag{5.7}$$

公式中的"$\oplus$"为拼接操作。时序上所有时间节点的输出平均后输入 softmax 分类层，以计算个体的动作的识别概率 y_a，计算方式如下。

$$y_a = \mathrm{softmax}\left(W_p \left(\frac{1}{T} \sum_{t=1}^{T} u_t\right)\right) \tag{5.8}$$

其中，T 是时间节点的个数，W_p 是可学习的参数。

当在群体级别建模时，我们将群体行为看作一系列个体动作的融合。在每个时间节点，群体可以表示为

$$U_t = (u_{t,1}, \cdots, u_{t,N}) \tag{5.9}$$

其中，$u_{t,i}$ 代表群体中的第 i 个个体。该群体中共有 N 个个体。类似于上文中个体中多个部分，群体中多个个体也对应着不同的权重，记为

$$\beta_t = (\beta_{t,1}, \cdots, \beta_{t,N}) \tag{5.10}$$

其中，$\beta_{t,i}$ 代表个体 $u_{t,i}$ 的权重，并可以根据隐状态 h 和 $u_{t,i}$ 得到，由以下公式来计算。

$$\hat{s}_t = \hat{w}_h^T (\tanh(W_u U_t) + \hat{W}_h \hat{h}_t) \tag{5.11}$$

$$\beta_{t,n} = \frac{\exp(\hat{s}_{t,n})}{\sum\limits_{j=1}^{N} \exp(\hat{s}_{t,j})} \tag{5.12}$$

其中，W_u、$\hat{W}_h$ 和 $\hat{w}_h$ 是可以学习的参数，$\hat{h}_t$ 是 t 时间点的群体级别的层次 AttLSTM 结构的隐状态。在每一帧，经过 HANs 后，第 j 个个体的最终的表征可以写为

$$p_{t,j} = \beta_{t,j} u_{t,j} \tag{5.13}$$

群体行为的类别概率可以通过下列表达式计算得出

$$y_g = \text{softmax}\left(\hat{W}_p\left(\frac{1}{T}\sum_{t=1}^{T}\left(\sum_{j=1}^{N} p_{t,j} + \hat{h}_t\right)\right)\right) \tag{5.14}$$

其中,W_p是可学习的参数。在每个时间节点上,群体的表示融合了所有个体的加权和及该时间节点的 AttLSTM 结构的隐状态。我们取所有时间节点的平均作为最终的群体行为表征。值得注意的是,这两个层次的注意力机制网络以及时序建模可以统一进行训练。最终 HANs 的损失函数是一个联合的交叉熵,如下。

$$\mathcal{L} = -\lambda_1 \sum_{n=1}^{N}\sum_{l_1=1}^{C_1} y_{a,n,l_1} \log \hat{y}_{a,n,l_1} - \lambda_2 \sum_{l_2=1}^{C_2} y_{g,l_2} \log \hat{y}_{g,l_2} \tag{5.15}$$

其中,C_1 和 C_2 分别是个体动作类别的数目和群体行为类别的数目,$\hat{y}_{a,n,l_1}$ 和 $\hat{y}_{g,l_2}$ 是真实的个体动作和群体行为标签,λ_1 与 λ_2 是两个损失的权衡参数。

5.2.3　层级上下文网络

上文中我们针对每个个体进行动作建模,捕捉了个体级别的动态信息。此外,我们可以使用注意力机制推导出每个个体的重要性,并根据该重要性,以所有个体特征加权求和的方式得到群体特征。然而,此过程中没有考虑个体之间的交互,即场景中的个体上下文信息,而群体行为的一个重要特征就是群体中个体之间的交互关系。如何对群体行为中个体之间的交互信息进行建模是研究者一直以来努力的方向。此外,在一个群体中往往存在多种个体聚集的方式,且同一范围内的个体有类似的特征,例如在排球比赛中,两个队伍通过中网隔开为两组,同一组的队伍内有着更相关的交互。同时,文献[4]提到,除了考虑组内的个体交互信息外,组间的交互信息也十分重要。例如,排球比赛中组内队员经过若干次球传导后开始进攻,对方队伍根据进攻方式选择防守策略。其中,队伍内的交互与队伍间的交互都对群体行为有一定的贡献。基于上述分析,本文基于 LSTM 网络,提出了一种层级上下文网络,可以在不同层级上建模个体之间的交互信息。

给定场景中个体的特征(由层级注意力网络输出),层级上下文网络可以建模不同组内和组间的个体交互信息,并结合池化特征构成最后的群体特征。具体地,我们首先将场景中的个体分成不同组。根据经验,位置靠近的个体有更强的相关性,因此我们根据位置信息来分组。其次,为了建模组内的上下文信息,即个体之间的交互,我们将组内个体进行排序,组成一个序列输入 LSTM 网络中。我们用的是一种简单且有效的排序方式,即基于个体检测框的中心在图像的 x 轴或者 y 轴的坐标来排列个体的特征。将场景中群体分为 M 个组,N_m 为第 m 组的个体数量。在 t 时间节点,第 m 组的个体可以表示为

$$P_t^m = (p_{t,1}^m, \cdots, p_{t,N_m}^m) \tag{5.16}$$

P_t^m 输入第一层组内 LSTM 网络中,得出第 m 组的上下文信息。组间信息的上下文建模与组内类似。具体地,在每个时间节点,所有的组内上下文特征根据图像的 x 轴或者 y 轴坐标进行排列,组成序列后输入组间级别的 LSTM 网络。其输出即是群体级别的上下文特征 G_t。此时,在时间节点 t,群体特征包含有两部分,一是群体注意力特征 Z_t;二是层级上下文建模网络输出的群体上下文特征 G_t。其中,与层级注意力网络关注的群体特征不同,我们将个体特征按照不同的组进行带权池化。组内个体的特征首先进行带权池化,然后将所有组的带权池化特征拼接组成 Z_t。最终的群体特征在时序上表现为一个序列输入另外一层 LSTM 网络,并进行最后的群体行为建模。该 LSTM 网络的隐状态 h_g 携带了最终的群体特征,其包含了视觉的注意力信息以及个体的交互上下文信息。h_g 最后经过一个具有交叉熵损失的 softmax 分类层预测最终的群体行为。

5.3　实验结果与分析

我们在两个国际上流行的数据库上验证了本章所提出的方法,即 Collective Activity 数据库和 Volleyball 数据库。接下来首先介绍实验的具体实施细节,然后将本章所提出的方法与现有先进的方法进行对比。

5.3.1　实验细节

我们采用了在 ImageNet 预训练的 GoogLeNet[187] 作为骨干特征提取网络,并针对每个个体的检测框,使用最后一层卷积层提取了尺寸为 $1\,024 \times 7 \times 7$ 的特征图。其中,我们将个体分成了 $K = 7 \times 7$ 个部分,与特征图相对应。我们将 HANs 和 HCNs 单独进行训练,在测试阶段再整合到一起。HANs 的训练分为 3 个阶段:①训练个体级别的注意力网络;②冻结个体级别的注意力网络来训练群体级别的注意力网络;③统一调整整个 HANs 的参数。前期的实验证明分阶段地训练可以更好地使网络收敛。对于 HCNs,在每一个时间节点,我们将 HANs 输出的具有注意力的特征整合进行分组,输入 HCNs 的两层 LSTM 网络来建模不同级别的上下文信息。最后的 LSTM 网络同时接收上下文特征和按照不同的组进行带权池化的特征对群体行为进行建模。输出的特征进入 softmax 分类层得到最终的结果。在这个过程中,由 HANs 的输出作为输入,得到最终的结果,可以进行端到端的训练。在所有的实验中,我们将 λ_1 设置为 1,λ_2 设置为 2,使用 Adam 进行优化,初始学习率设置为 0.000 01。

5.3.2 基准方法

为了验证本方法各个组成部分的有效性,我们设计了两种基准方法。本章所提出的方法是为了同时捕捉具有注意力的个体、群体特征和个体的上下文特征。因此,我们在所提方法的基础上逐步去除这些特征,设计了以下的基准。

① B1(不包含注意力机制)。在这个基准方法中,我们在所提方法的基础上摒弃了注意力机制,使用两个原生的 LSTM 网络来建模个体的动作和群体的行为信息,其类似于文献[2]的层级建模方法。然后将它们同样输入 HCNs 中建模上下文信息。

② B2(不包含上下文信息)。在这个基准方法中,我们在所提方法的基础上去掉了 HCNs,直接用 HANs 进行群体行为识别。换句话说,我们只采用了具有注意力机制的个体表征,而没有用个体之间的交互信息。

5.3.3 在 Collective Activity 数据库上的实验结果

Collective Activity 数据库包含了 44 个短视频,5 种群体行为。其中还包括了8 个个体对之间的关系标签(本章中没有使用该额外信息)和 6 种个体的动作。视频是手持的消费级的摄像机拍摄视角。每 10 帧标注了个体的位置、群体行为和姿态信息。5 个群体行为类别包括穿越(cross)、走路 (walk)、等待(wait)、交谈(talk)和排队(queue)。我们采用了文献[188]的实验设置和分组方式。在该数据库上,HANs 和 HCNs 中的 LSTM 网络的隐状态数量设置为 1 024,最后一层的LSTM 网络设置为 512。

表 5-1 中展示了本章的方法与现有的先进方法以及两个基准方法的对比。对于基准方法,本章的方法展现出了较高的准确率,比 B1 高出了多于 1%,证明了层级注意力机制的有效性。对比于 B2,本章的方法高出了 2%,证明了个体之间的交互信息的重要性。本章的方法比大部分先进的方法更好,包括 Structure Inference Machines[101]、Cardinality Kernel[188]、Two-stage Hierarchical Model[2],仅落后于CERN-2[97]。这是因为 CERN-2 利用了额外的标注信息,即个体对之间的关系标签,该信息对 Collective Activity 数据库中群体行为识别帮助非常大,但是实际中很难得到这样详细的信息。图 5-3 可视化了注意力作用的区域,可以看到,重要的个体和个体中重要的部位都有较大的权重。我们在图 5-4 中展示了混淆矩阵,可以看到,排队和交谈两个行为取得了将近 100% 的识别精度。另外,穿越和等待两种行为因为有比较相似的视觉效果,因此较容易混淆。

图 5-3 彩图

表 5-1 Collective Activity 数据库上不同方法的比较

方法	准确率
Structure Inference Machines[101]	81.2%
Cardinality Kernel[188]	83.4%
CERN-2[97]	**87.2%**
Two-stage Hierarchical Model[2]	81.5%
B1（w/o HANs）	83.1%
B2（w/o HCNs）	82.3%
Ours（HANs+HCNs）	84.3%

图 5-3 Collective Activity 数据库上群体行为识别可视化结果

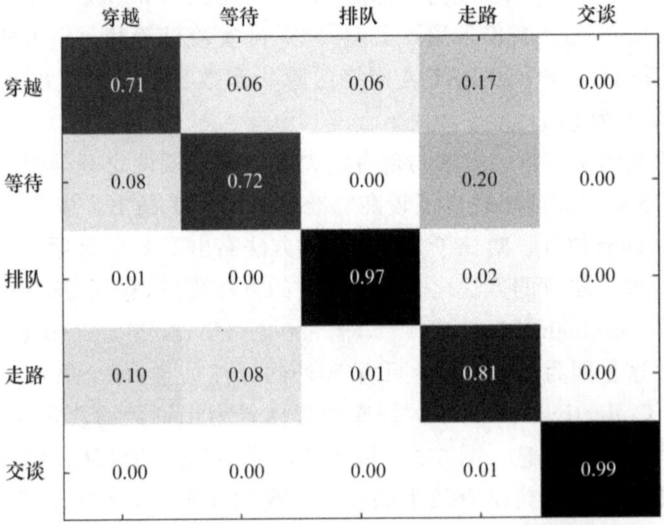

	穿越	等待	排队	走路	交谈
穿越	0.71	0.06	0.06	0.17	0.00
等待	0.08	0.72	0.00	0.20	0.00
排队	0.01	0.00	0.97	0.02	0.00
走路	0.10	0.08	0.01	0.81	0.00
交谈	0.00	0.00	0.00	0.01	0.99

图 5-4 所提方法在 Collective Activity 数据库上的识别混淆矩阵

5.3.4　在 Volleyball 数据库上的实验结果

　　Volleyball 数据库含有 4 830 个样本,其来自 55 个排球比赛视频,有 9 种个体动作和 8 种群体行为,包括组织(set)、扣球(spike)、传球(pass)和得分(winpoint),其中每个行为分为左右两侧,共 8 种。每个样本对应一个关键帧,关键帧上标注了运动员的包围框。另外,该数据库还提供了关键帧周围的 40 帧序列。我们采用了文献[2]提供的跟踪结果,用了关键帧周围的 10 帧(前 5 帧和后 4 帧)。在 HANs和 HCNs 中,我们设置 LSTM 网络的隐状态个数为 2 048,最后一层 LSTM 网络隐状态设置为 1 024。表 5-2 中总结了不同方法的识别结果。从中可以观察到,本章提出的方法取得了最高的识别精度,证明了视觉注意力信息和上下文结构信息结合的有效性。一个值得关注的现象是,在没有包含注意力机制的情况下,即 B1,也取得了较好的结果。B1 中通过加入个体之间的上下文信息,带来了显著的性能提升。这可能是因为在 Volleyball 数据库中,个体之间的交互较为显著,对群体行为的可判别性较高。图 5-5 可视化了在扣球行为中注意力机制所关注的部分,可以看到进攻手被赋予了更大的权重,而个体中手和腿的部位有更高的关注权重。此外,我们还提供了在该数据库上的混淆矩阵,如图 5-6 所示,可以看到绝大多数的群体事件都得到了很好的识别(大于 85%)。

图 5-5 彩图

表 5-2　Volleyball 数据库上不同方法的比较

方法	准确率
CERN-2[97]	83.3%
Two-stage Hierarchical Model[2]	81.9%
B1 (w/o HANs)	84.1%
B2 (w/o HCNs)	82.5%
Ours (HANs＋HCNs)	**85.1%**

图 5-5　Volleyball 数据库上群体行为识别可视化结果

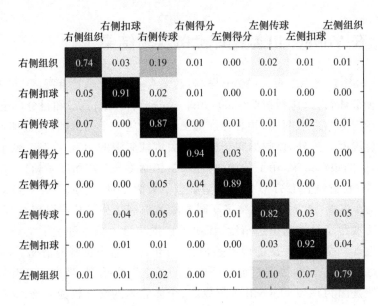

图 5-6 所提方法在 Volleyball 数据库上的识别混淆矩阵

本 章 小 结

本章聚焦体育场景下群体行为识别,提出了一种层级注意力和上下文网络。我们同时考虑了两个在群体行为中较为重要的问题:一是关注重要的个体以及个体的身体部分;二是围绕重要的个体建模其周围的上下文个体交互信息。本章所提出的层级注意力机制网络(HANs)可以分级别地关注不同重要程度的个体及其身体部位;层级关系建模网络(HCNs)可以同时建模组内与组间的个体之间的交互关系。我们通过这两个深度网络获得具有注意力的个体特征和上下文特征,将其组成更具判别性的特征,并将其用作群体行为识别。我们在体育视频数据库 Volleyball 和日常行为识别数据库 Collective Activity 上验证了本章所提出的方法,实验结果证明了该方法的优越性。

第6章

面向复杂语义自适应建模的群体战术识别方法

6.1 引　言

　　群体战术是一种具有策略性和目的性的群体行为。自动可靠的群体战术分析有着丰富的应用场景和巨大的应用价值,例如体育战术训练、军事对战分析等,因此受到学术界和工业界越来越广泛的关注。

　　相比于普通视频行为,群体战术具有更加复杂的个体动态和群体交互等语义信息,如图 6-1 中的排球比赛战术(拉开战术、立体战术等)所示。因此,识别群体战术面临诸多特殊挑战。首先,群体战术在实际实施过程中具有多样性。为了达成竞技或战斗目的,在同一个战术中,群体目标的跑位和技战术动作也会有所不同,而在不同的战术中也可能有一定相似的成分,并以此来扰乱对方防守。此类多样性的目标配合导致不同战术类别间有高度的相似性,而同类别内也有较大的变化。其次,群体战术中目标的时序配合持久时间较长。一般情况下,群体战术从布局到终止往往需要较长的时间,期间有复杂的目标关系转化过程和大量的冗余信息。这些挑战使得对群体战术识别非常困难。

　　目前,对群体战术的分析研究较少。其中大部分是针对体育比赛战术进行识别,如足球、篮球比赛[189-191]。但是,它们绝大多数是基于球员的跑动轨迹或者球的传接轨迹来识别战术,需要复杂的目标轨迹,而目标跟踪任务本身的不确定性,使得现有群体战术识别方法的适用性下降。更先进一点的方法尝试直接根据视频本身进行群体行为识别[2,101,192-193]。通常的处理方法为首先在场景中进行目标检测,然后利用递归神经网

图 6-1 彩图

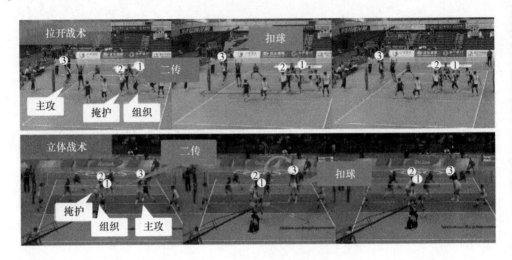

图 6-1　群体行为与战术的区别

络、图卷积神经网络等深度学习模型对个体目标和群体目标的时序动态编码并识别群体行为。虽然这些方法取得了很大的进步,但是它们只对短时性、整体性的目标关系建模,无法充分理解群体战术中复杂多样的语义信息。一方面,现有方法的目标关系建模技术只针对独立的样本建立拓扑结构,而忽略了共有的空间结构,这将难以分辨更多细粒度的战术;另一方面,现有方法倾向于采用朴素的时序建模策略,例如 LSTM 网络和稀疏采样,它们在面对较长时间的序列时将丧失一定的优势,难以捕捉具有判别性的战术时序特征。

　　基于以上分析,我们提出了一种复杂语义自适应建模的群体战术识别方法。对于空间中群组特征编码,我们设计了自适应的图卷积神经网络(Adaptive Graph Convolutional Network,A-GCN),其可以自适应地编码多样性的目标空间关系。与现有的空间建模方法不同,它通过局部和全局图结构捕捉更全面的局部与全局的目标空间关系,输出表达能力更强的战术空间表征。在两类图结构的基础上,我们采用图卷积操作来进一步推理空间关系。更重要的是,我们还引入了自注意力机制来整合关系特征之间的依赖信息,进一步提升了模型的鲁棒性。针对长时间时序建模,我们提出了一种新颖的注意力时序卷积网络(Attentive Temporal Convolutional Network,A-TCN)。它以 A-GCN 的输出为输入,由时序卷积编码长时间演化信息。与 A-GCN 类似,该模块通过嵌入注意力机制,关注序列的时序依赖信息,为不同的时序片段赋值合适的权值,因此使得 A-TCN 在处理冗余信息时具有低敏性。通过 A-GCN 和 A-TCN 的有机结合和时空建模,我们所提出的方法可以有效地捕捉多样的目标之间的关系信息和长时间的配合演化信息。另外,我们在两个数据库上做了充分的实验,即 Volleyball 和 VolleyTactic,所得结果证明了本方法的有效性。

在下文中,我们将详细介绍一种复杂语义自适应建模的群体战术识别方法,包括自适应的图卷积神经网络、注意力时序卷积网络。

6.2 复杂语义自适应建模的群体战术识别方法

我们提出了一种复杂语义自适应建模的群体战术识别模型,该模型主要包括两个子网络,分别是 A-GCN 和 A-TCN,二者通过顺序地配合来统一地编码多样的目标之间的空间关系和时序配合演化信息。图 6-2 展示了所提方法的模型。给定一个视频序列,所提模型主要通过 3 个流程来进行战术识别,分别是特征提取、空间关系建模和时序动态建模。

图 6-2 彩图

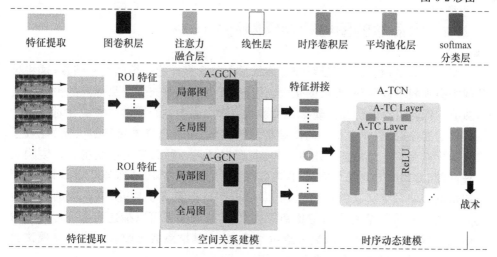

图 6-2 复杂语义自适应建模的群体战术识别模型

1. 姿态特征与表观特征提取

在这个步骤中,我们在输入视频上均匀取 K 帧。在每一帧对应的目标检测区域上提取姿态特征和表观特征,在进行姿态信息提取时,要将关节点坐标映射到原始视频帧的图像坐标系下,因此包含了位置信息。我们使用了两个独立的深度预训练模型,即 HRNet[193] 和 Inception-v3[194],来分别提取姿态特征和表观特征。对于每一帧图像,我们使用多尺度特征提取方式获取特征图,使用区域对齐方法来对应检测区域的特征,再将姿态特征和表观特征拼接到一起组成目标特征。

2. 空间关系建模

我们基于个体目标特征,在时间轴上循环地进行空间关系建模。首先将取样

的 K 帧划分成若干个视频片段,然后分别将其输入 A-GCN。在该网络中,我们根据输入的目标特征建立起局部图、全局图,其中每个节点代表一个目标。在 A-GCN 中,图卷积被用到这些图结构上来探索目标之间的关系信息。此外,我们还利用了自注意力机制,进一步考虑了关系特征的相互依赖,使得局部信息与全局信息更好地互补。

3. 时序动态建模

我们在目标空间关系建模之后,使用 A-TCN 进行时序动态建模。上述采样后的 K 帧经过关系建模输出的特征经排列后输入 A-TCN,以捕捉战术的时序演化信息。A-TCN 产生的序列描述子经过平均池化生成战术级别的表征。最终将战术级别的特征输入线性分类层,对群体战术进行识别。

6.2.1 自适应的图卷积神经网络

在 6.1 节中,我们分析后可知群体战术中包含多样的目标的交互信息,这将导致战术类别间难以区分,类内变化大。因此,需要捕捉更充分的目标间的关系结构来对战术配合进行建模。而现有的大多数基于图卷积神经网络的方法在对独立的视频样本建模时,仅建立单一的图结构,这样会过于突出样本级别的关系,导致丢失一部分共有关系结构。因此本章中,我们定义了一种共有关系结构。该结构是一种基础、隐式的时空关系信息,且蕴含在所有战术样本中,不仅限于单一样本,可以提供额外的时空交互关系信息,有助于模型捕捉更具鲁棒性、判别性的战术表征。如图 6-3 所示,在多数排球比赛的战术中,共有关系可以描述为由一传接发球开始,二传组织进攻,随后球被传给扣球手,并由其结束战术配合。我们发现该共有关系信息对于理解战术具有重要意义。

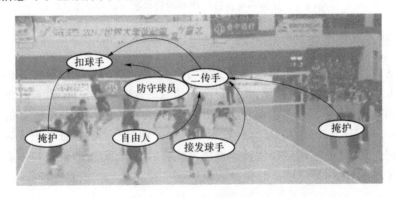

图 6-3 战术的共有关系结构

基于上文的分析,本章提出了新的自适应的图卷积神经网络(A-GCN),其结构如

图 6-4(a)所示。该网络重要的部分是局部图和全局图结构,分别负责捕捉样本级关系结构和共有关系结构。因此,其可以更好地学习目标之间多样的交互关系。更重要的是该网络还引入了自注意力机制,可以将不同的图卷积之后的特征以自注意力的方式整合起来,因此额外地考虑了这些特征的相关性。如文献[177]所述,该网络还引入了残差连接,可以保留原始的特征,使得训练更有效、效果更好。给定有 k 帧的视频片段,每一帧中含有 N 个目标,每个目标用 d 维的特征表示,其构成的一个矩阵 $f_{in} \in \mathbb{R}^{N \times d}$ 作为图卷积神经网络的输入,该网络的转换过程如下所示。

$$f_{out} = \psi(\sigma(L f_{in} W_L + G f_{in} W_G)) + f_{in} W_r \tag{6.1}$$

其中,$f_{out} \in \mathbb{R}^{N \times d_a}$ 为图卷积神经网络的输出;$L \in \mathbb{R}^{N \times N}$、$G \in \mathbb{R}^{N \times N}$ 分别代表局部图和全局图;W_L、$W_G \in \mathbb{R}^{d \times d_k}$ 是可学习的参数矩阵;$W_r \in \mathbb{R}^{d \times d_a}$ 是可学习的参数矩阵,将输入映射到与输出同样的维度来做残差连接;d_a 和 d_k 是线性映射的尺寸;$\psi(\cdot)$ 为自注意力机制函数。下文将详细介绍局部图和全局图结构。

1. 局部图结构

图卷积神经网络的输入可以形式化为 $f_{in} = \{p_i | i = 1, 2, \cdots, N\}$,对应着图的 N 个顶点,即每个目标的特征表示为 $p_i \in \mathbb{R}^d$。通过局部图 L,每一个视频样本都将会产生一个独立的图拓扑结构。本章通过建立每一个顶点对的相似度来生成局部图。在实际操作中,我们应用参数化的高斯方程来计算两个顶点之间的关系紧密程度,即两个目标之间的相似度。

$$f(p_i, p_j) = \frac{e^{\theta(p_i)^T \beta(p_j)}}{\sum_{j=1}^{N} e^{\theta(p_i)^T \beta(p_j)}} \tag{6.2}$$

其中,$\theta(\cdot)$ 和 $\beta(\cdot)$ 是线性层。具体过程为首先通过两层线性映射层将 f_{in} 转换到编码空间,形状为 $N \times d_e$,e 为编码空间尺寸,该方式在编码空间特征具有更强的表达能力。在高斯内积操作之后,我们可以得到一个 $N \times N$ 的矩阵,其中的元素 $L_{i,j}$ 为每对节点之间的相似度。这些元素又进一步地标准化到 $(0,1)$ 区间上,得到局部图。我们可以将上述过程形式化为

$$L = softmax(f_{in} W_\theta (f_{in} W_\beta)^T) \tag{6.3}$$

其中,$W_\theta \in \mathbb{R}^{d \times d_e}$ 和 $W_\beta \in \mathbb{R}^{d \times d_e}$ 是两个线性层中可学习的参数矩阵。

2. 全局图结构

不同于局部图结构,全局图的生成不依赖于成对数据的相互作用,而是由全部的数据库驱动,这使得全局图对于整体数据的分布有着更好的自适应性。与局部图一样,它是一个 $N \times N$ 的参数矩阵,和图 6-4(a)中其他部件一起优化得到。在全局图上没有额外的约束条件,换句话说,G 的元素可以是任意值,而其代表了元素之间连接的有或者无以及连接的强度。实际上有些特定数据具有固有的节点之

间的连接,如人体的关节点,颈部与躯干部分本身就具备联系。然而对于场景中目标来说,由于没有先验节点之间的连接,无法预先知晓各个目标之间是否有关联。一种简单的方式是将其看作一个完全连接图,即所有的目标之间都有联系。然而,该假设在某些条件下不合理,如本节开头提到的共有关系结构。大多数情况下,有些连接需要加强而有些连接需要摒弃,这些隐式的关系有利于更好的表征战术。全局图可以通过学习的方式探索这样的一些连接,从而获取共有模式。由于全局图和局部图利用不同的优化方式,因此学习的拓扑结构将具备互补性质。

此外,为了更好地保证全局图可以捕捉更具判别性的结构信息,本书在优化全局图时增加了额外的约束,即散熵损失。该约束可以增强训练中回传的梯度信号,提供更好的正则表达。具体地,本书将全局图的图卷积特征输入 softmax 分类器中,预测一个给定战术的概率

$$y_g = \text{softmax}(\boldsymbol{W}_k(\boldsymbol{G}\boldsymbol{f}_{\text{in}}\boldsymbol{W}_{\boldsymbol{G}})) \tag{6.4}$$

其中,$\boldsymbol{W}_k$是可学习的分类层参数。然后,我们在全局图的分类输出分支处应用散熵损失。

$$\mathcal{L}_g = \frac{1}{N}\sum_{n=1}^{N}\sum_{k=1}^{K}\hat{y}_{g,k,n}\log y_{g,k,n} \tag{6.5}$$

其中,N是训练输入的批数据尺寸,K是类别数目,$\hat{y}_{g,k,n}$是真实标签,$y_{g,k,n}$是第 n 个样本属于第 k 类的预测概率。

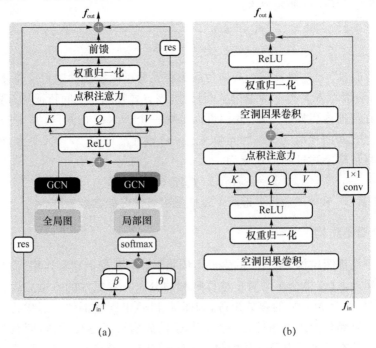

图 6-4　A-GCN 与 A-TCN 结构

在局部图和全局图构建完成后,我们在每一种图结构上面应用独立的图卷积操作,然后将卷积的特征进行后融合。根据初期的实验,这种措施相对于先进行图融合再进行卷积的方式更好。本书对于每一种图结构都用不同的参数来表示,从而扩展到多个图。根据文献[106],本书采用了与其同样的后融合方式。此外,在图卷积之后,本书使用自注意力机制融合产生出的特征可以帮助模型捕捉特征级别的依赖特性,更好地融合局部信息和全局信息。实际上,本书使用了文献[108]的自注意力做融合操作。

$$\psi(\boldsymbol{x}) = \mathrm{softmax}\left(\frac{\boldsymbol{x}\,\boldsymbol{W}_Q(\boldsymbol{x}\,\boldsymbol{W}_K)^{\mathrm{T}}}{\sqrt{d_k}}\right)\boldsymbol{x}\,\boldsymbol{W}_V + \boldsymbol{x}\,\boldsymbol{W}_r \tag{6.6}$$

其中,$\boldsymbol{x}\in\mathbb{R}^{N\times d}$,$\boldsymbol{W}_Q$、$\boldsymbol{W}_K$、$\boldsymbol{W}_V$ 和 $\boldsymbol{W}_r\in\mathbb{R}^{d\times d_a}$ 分别是输入特征,自注意力机制中的生成查询、键、值 3 个向量的线性层参数和残差链接的线性层参数。

6.2.2 注意力时序卷积网络

如 6.1 节所述,长时间时序上的动态演化信息对于战术识别极为重要。现有的大多数方法利用的是递归神经网络在帧序列上整合信息,也取得了一定的效果,但其性能仍然不够理想。文献[265]中所提的时序卷积方法证明了在同样的参数量下,对于时序记忆的表现更为出色。如前文所述,战术有更长的目标配合时间,因此具有更复杂的目标关系变化,因此时序卷积方案在战术识别上具有较大的潜力。根据以上分析,本章基于时序卷积神经网络(Temporal Convolutional Network,TCN)提出了注意力时序卷积网络(A-TCN)。该网络包含多层注意力时序卷积层(Attentive Temporal Convolutional layer,A-TC layer),如图 6-4(b)所示。A-TCN 使用 A-GCN 输出的特征作为输入,针对长时间时序的动态变化建模。该子网络不但继承了 TCN 对长序列建模的优势,还能够建模时序的依赖关系,因此可以估计不同片段的重要性来建模更具判别性的特征。

类似于 TCN,A-TCN 层包括了因果卷积和空洞卷积两种策略。因果卷积是保证时序演化的方向,使得卷积只关注当前时间节点之前的历史时间段。空洞卷积能够通过间隔采样和叠加的卷积层,使得网络可以覆盖输入序列中全部的值。为了建模长时间时序信息依赖性,本章借鉴了自注意力机制来融合时序特征。更重要的是,通过该机制,不同时刻的动态信息可以进行重要性估计来进一步取舍,这使得有意义的片段容易突出显示,从而提高了长时序的建模效果。具体地,该网络在第一层的空洞因果卷积层后面增加了自注意力机制层,通过引入残差连接,多层 A-TCN 可以堆叠为更深的网络,抽象出更鲁棒的特征。A-TCN 的输出矩阵形状与输入相同。我们随后应用平均池化操作将输出特征整合成战术级别的表示,最后将其输入线性分类层作为最后的战术识别。

6.3　实验结果与分析

为了验证本章所提方法,本节在国际流行的群体行为数据库 Volleyball、VolleyTactic 上进行了充分的实验。我们分别在两个数据库上跟其他先进方法进行了对比。由于所提方法旨在用于群体战术分析,因此我们在 VolleyTactic 数据库上进行了消融实验。下文将详细介绍实验细节和实验结果。

6.3.1　实验细节

本书采用了人体关键点估计 HRNet 的预训练模型对目标图像区域提取 16 关节点的姿态信息,对应 32 维特征。在表观表示上,本书采用了预训练的 Inception-v3 模型,并在模型顶端增加一个全连接层,提取目标特征。两种特征拼接后作为目标的表示特征。在 A-GCN 中,相关参数设置为 $d_k=256$,$d_e=256$,$d_a=512$。局部图和全局图的个数都设置为 4。所提模型分 3 个阶段训练。

第 1 阶段是单帧上微调骨干网络,其中 HRNet 模型的参数保持不变。具体地,单帧上所有的目标特征做最大池化操作,输出作为战术的表征。第 2 阶段是训练 A-GCN,输入视频片段设置为 3 帧,骨干网络冻结不变。第 3 阶段我们统一训练所提出的模型。所有网络的训练都采取 Adam 进行优化。在第 2 阶段和第 3 阶段中,我们分别将学习率设置为 0.000 1 和 0.000 02。在 VolleyTactic 数据库中,我们采用了弱监督设置。由于不适用单人的动作标注信息,因此移除了模型中单人动作监督学习部分。

6.3.2　消融实验

1. A-GCN 的变体结构

如前文所述,A-GCN 的优势在于其同时建立了局部图和全局图结构来建模目标之间的关系,以及运用了自注意力机制融合关系特征,考虑其依赖性。为验证每一个模块的有效性,我们建立了以下基准方法。

① B1:摈弃全局图结构。我们在 A-GCN 中不考虑全局图结构和自注意力机制,只利用局部图结构来对战术进行建模。

② B2:摒弃关系特征的依赖。在局部图和全局图进行关系建模后,我们不再采用自注意力机制对其融合。

表 6-1 展示了在上述不同的基线方法下的识别准确率。从中可以观察到,所提方法相比 B1、B2 表现出了更好的性能,证明了 A-GCN 中的全局图的有效性。对比 B2,A-GCN 可以捕捉关系特征的依赖性进而提高了识别准确率。表 6-2 比较了 A-GCN 使用不同图数目的影响,可以观察到,当图数目增加时,识别准确率先相应增加后变为稳定。

表 6-1　A-GCN 与不同变体结构的性能对比

基准方法	准确率
B1 (w/o global graph)	80.93%
B2 (w/o feature dependencies)	82.08%
A-GCN	**82.47%**

表 6-2　A-GCN 中不同图数目的性能对比

图数目	1	4	8	16
准确率	81.05%	82.23%	**82.47%**	82.1%

2. A-TCN 的变体结构

我们保持 A-GCN 的参数不变,进一步尝试探究 A-TCN 对于战术识别的贡献。由于 A-TCN 旨在时序建模,因此比较了流行的时序建模方法(如 LSTM、TCN 以及稀疏采样方式)。我们在 30 帧的视频片段上进行比较,对比结果展示在表 6-3 中。从中可以看到,A-GCN 中采用稀疏采样方式的识别准确率落后于其他方法,说明在战术识别任务上,时序建模需要更强有力的方案。而且在使用了 LSTM 网络或者 TCN 之后,识别结果得到了改善。结合了 A-GCN 和 A-TCN 的方法取得了最好的结果,展示出了长时间的时序卷积和关注不同时间片段重要性的优势。

表 6-3　A-TCN 与不同变体结构的性能对比

基准方法	准确率
A-GCN	82.47%
A-GCN+LSTM	83.27%
A-GCN+TCN	84.14%
A-GCN+A-TCN	**87.41%**

3. 可视化

为了更好地展示所提方法的优势,我们将进行可视化定性分析。首先,我们展示了 A-GCN 中的局部图和全局图,如图 6-5 所示。每种图我们选取了 12 个目标以展示其交互情况,且交互强度值处于(0,1)之间。可以观察到,局部图通常关注在关键球员的交互上,例如,立体战术更多地关注第 5 个和第 8 个目标。而全局图则可以捕捉更广泛的目标关系,可以为局部图提供丰富的补充信息。

图 6-5 彩图

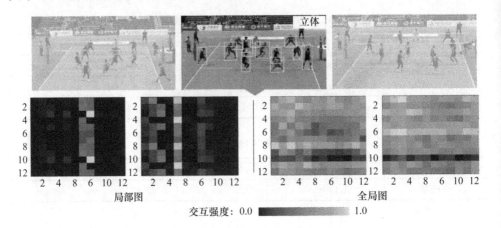

图 6-5 局部图和全局图的可视化对比

6.3.3 与其他先进方法的比较

本小节中,我们将在 Volleyball 数据库上评估所提方法的有效性,并与现有先进的、针对群体行为识别的方法进行比较。表 6-4 展示了实验结果。具体而言,与准确率超过 90% 的 ARG、CRM 和 Actor-Transformer 主流方法相比,所提出的方法在相同的标准(输入、骨干、检测/真实边界框)下的表现普遍更好。唯一的例外是在 I3D+HRNet 上,在真实边界框中使用光流信息和姿态信息,其结果略低于 Actor-Transformer。一个主要的原因可能是 A-TCN 在时序动态建模方面的优势在该数据库中没有充分发挥出来,精度趋于饱和。

表 6-4 **Volleyball 数据库上所提方法与其他先进方法的性能对比**
(PRO 表示使用目标检测信息,GT 表示使用真实标注信息)

方法	骨干网络	输入	准确率
HDTM[2]	AlexNet	RGB	81.9%
CERN[97]	VGG16	RGB	83.3%
stagNet[102]	VGG16	RGB	87.6%
HRN[103]	VGG19	RGB	89.5%
SSU[110]	Inception v3	RGB	86.2%

续 表

方法	骨干网络	输入	准确率
ARG (PRO)[106]	Inception v3	RGB	91.5%
ARG (GT)[106]	VGG19	RGB	92.5%
CRM[104]	I3D	RGB	92.07%
CRM[104]	I3D	RGB+Flow	93.04%
Actor-Transformer[109]	I3D	RGB	91.4%
Actor-Transformer[109]	I3D	RGB+Pose	93.5%
Actor-Transformer[109]	I3D	Pose+Flow	**94.4%**
OURS (PRO)	Inception v3	RGB	91.92%
OURS (PRO)	Inception v3	RGB+Pose	92.60%
OURS (GT)	Inception v3	RGB+Pose	93.72%
OURS (GT)	VGG19	RGB+Pose	93.79%

我们在 VolleyTactic 数据库上进一步评估了本章所提出的方法。实验中,我们未考虑个体行为在排球战术中的作用,因此取消了其监督学习过程。我们仔细调整了这些基准方法中的参数以便公平对比。比较结果见表 6-5。所提出的方法使用 RGB 和姿态模态作为输入的情况下优于其他方法(即 88.27% 对比 83.21%,准确率第二高的是 Actor-Transformer),这证明了所提方法在战术中获取运动员长期合作的有效性。在相同的设置下,所提出的方法一致地优于 Actor-Transformer。我们注意到,Actor-transformer 等模型过于依赖光流作为动态信息,而在战术中,光流容易受复杂噪声的影响。此外,由于复杂的群体目标关系,长时间的时序建模更为重要。

表 6-5 VolleyTactic 数据库上所提方法与其他先进方法的性能对比

方法	骨干网络	输入	准确率
HDTM[2]	AlexNet	RGB	82.03%
HRN[103]	VGG19	RGB	82.59%
ARG[106]	Inception v3	RGB	80.99%
Actor-Transformer[109]	I3D	RGB	82.96%
Actor-Transformer[109]	I3D	RGB+Pose	83.21%
OURS	Inception v3	RGB	86.35%
OURS	VGG19	RGB+Pose	87.90%
OURS	Inception v3	RGB+Pose	**88.27%**

本 章 小 结

本章提出了一种复杂语义自适应建模的群体战术识别方法。我们首先提出了自适应的图卷积神经网络对多样的目标空间关系进行建模。通过局部图和全局图结构，该网络可以自适应地捕捉群体中局部特有的关系结构以及全局共有的关系结构。其次提出了注意力时序卷积网络，其可以针对长时间的群体行为演化进行有效的建模，并且可以关注到更加有意义的时序片段。通过两者的时空建模，本章所提出的方法可以更好地捕捉关键目标在战术进攻中的配合信息。最后我们在Volleyball 和 VolleyTactic 数据库上验证了所提方法，实验结果展示了其在群体战术识别任务上的优势。

第7章

基于多尺度交叉距离 Transformer
模型的群体行为识别方法

　　群体行为识别是视频理解的一项关键任务,在视频监控、异常事件检测和体育运动分析等方面具有广泛的应用,越来越受研究者们的关注。这项任务的重点是对个体间复杂的时空关系进行建模。近十年来,研究者们提出了大量的群体行为识别模型,构建了各式各样的时空描述表征框架。早期的尝试倾向于利用卷积神经网络(CNN)和递归神经网络(RNN)对群体目标的空间表征和时序动态进行建模,但是此类框架对个体之间复杂互动的挖掘不足,导致上述方法的识别效果不尽如人意。后来许多工作[198-200]使用基于图结构和图卷积的推理方式或注意力机制来挖掘个体之间的关系,识别精度得到了显著提高。在此类框架中,比较早期的工作,如文献[103],根据个体之间的余弦距离构建关系图并推理群体之间的关系模式。文献[199]提出了一种以人为中心,并结合可学习的关系矩阵的个人动态图结构来理解群体目标的交互关系。

　　随着 Transformer 模型在自然语言处理和计算机视觉任务中取得巨大成功,许多研究[201-202,109,5]采用了此类框架来解决群体行为识别问题。这些研究的通常做法是将个体的特征抽象成可学习的令牌,并通过自注意机制对它们之间的依赖关系进行建模,从而捕捉整体的群体表征。文献[109]证明了仅采用一个标准的 Transformer 编码器用作特征提取器来选择性地利用空间目标关系,就可以达到令人满意的群体行为识别效果。同时,最新的一些方法[202,5]提出了并行的 Transformer 架构,该架构分解了空间和时间注意力,用于建模群体目标的时空依赖信息,与先前的方法相比,进一步扩大了关系建模的优势。

　　然而,上述群体行为识别方法仍然存在特定的局限性,使得它们不能区分更加复杂的群体行为。具体来说,它们倾向于将某个参与者归类到单一、固定的群组中,例如,基于全连通假设[103,109]的整体群组或通过聚类方式确定子组。这类做法虽然可以表达一定的群组关系,但不足以描述复杂的群体行为,因为对一个特定目标也会产生多样化、精细化的交互关系。例如,如图 7-1 所示,在拉开战术中,二传手向附近的扣球手(扣球手-a)进行假传,但实际上是将球传给远处的扣球手(扣球手-b),而扣球手-a 完成了一个欺骗性的进攻行为。这种进攻具有以下特点:一是在局部时间片段中二传手和扣球手之间的佯攻;二是在远距离的时间步长中,二传手和扣球手-b 之间真正的进攻。因此,通过强调这些不同类型的交互动作可以提高群体行为推理的合理性。此外,在现有群体行为识别方法的设置中,群体行为表征被限制在单个分组尺度上,缺乏不同时空尺度中参与者之间的联系。实际上,多尺度上下文表示在许多视觉任务上不可或缺,对于充分理解群体行为也具有很大的帮助。然而,令人遗憾的是,在群体行为识别领域,多尺度上下文表示还没有得到很好的发展。尽管一些研究[203-204]声称提供了多尺度关系上下文,但要么分别对空间和时间内容进行建模,要么采用繁琐的分组策略,例如基于强化学习的聚类,限制了多尺度上下文的泛化性能。

图 7-1 彩图

图 7-1 排球比赛拉开战术示意图

为了解决这些问题,我们提出了一种新颖的、端到端可训练的模型,即多尺度交叉距离 Transformer(Multi-Scale Cross-Distance Transformer,MSCD-Former)模型,用于群体行为识别。该模型捕捉了多个时空尺度上个体之间多样的交互关系,进一步丰富了群体行为的关系表征。具体地,我们首先提出了一个跨距离注意块(Cross-Distance Attentive Block,CDA-Block),用于不同距离个体的关系建模。文献[205-206]表明,局部区域注意力可以更好表征图像信息,受其启发,我们将跨距离注意块设计为两种类型的注意力窗口的融合,即局部注意力和远程注意力。该方式不仅能够获取特定局部区域中个体的联系,而且能够关注那些分散在长时空距离的个体之间的联系。对于多尺度上下文表示,我们采用多个特征获取阶段来构建层次结构,每个阶段由几个对应特定采样尺度的堆叠的跨距离注意块组成。在相邻的阶段之间,我们还设计了一个特征池化层,来逐渐合并相邻的个体特征,并对特征进行迭代下采样,以形成金字塔表示。分层结构可以使得每个尺度上都保留局部关系和远程关系,因此金字塔表征也相应地包含了这两种类型的关系,进一步地丰富了群体行为的上下文信息。

此外,我们设计了一种新的多尺度重构学习(Multi-Scale Reconstructive Learning,MSR)策略来优化模型,使得模型可以在不同尺度上保持群体行为语义的一致性。在 MSR 中,跨距离注意块在较小的尺度对下采样的群体特征进行编码,同时配合一个轻量级解码器来从潜在表示和掩码令牌中重构较大尺度上的原始特征。通过这种跨尺度的重构,我们可以缓解语义信息随着尺度的减小而丢失的问题,从而提高多尺度目标关系表示的可判别性。值得注意的是,重构学习是一个自监督的训练过程,不依赖于群体行为的标注信息。在自监督预训练之后,我们使用群体行为标签对预训练的跨距离注意块进行进一步微调,再进行最后的群体行为识别。

综上,本章有下面 4 个方面的贡献。

① 提出了一种新的群体行为识别方法,即 MSCD-Former,该方法利用窗口注意力机制来捕捉群体行为中丰富的、有意义的个体时空交互关系。

② 提出了一种新的跨距离注意块,旨在将个体关系解耦为局部关系和远程关系。所提模型通过部署多个堆叠的跨距离注意块,可以显著增强多尺度的群体关系表征。

③ 引入了一种新的多尺度重构学习策略以加强不同时空尺度上的语义一致性,进一步提高群体行为表征的判别性能。

④ 我们在国际上流行的群体行为数据库上验证了本章提出的方法,包括 VolleyTactic 和 Volleyball 数据库。实验结果表明 MSCD-Former 达到了国际领先的群体行为识别性能。

7.1　相　关　工　作

在前文中,我们综述了群体行为识别方法,如传统的方法和基于深度学习的方法。相比于较早的基于递归神经网络和图卷积神经网络的方法,许多方法采用 Transformer 来进行群体关系建模,并取得了令人满意的识别效果。

Transformer 首先在文献[108]被提出并用于顺序的机器翻译任务,然后被广泛用于各种自然语言处理任务。随后,在标准 Transformer 结构的基础上设计了一系列修改,以解决标准 Transformer 的局限性,适应新的任务,特别是计算机视觉任务,例如图像或视频表示。早期的方法[195,207]直接使用自注意来捕捉图像中的长程上下文。文献[195]设计了一个非局部注意力模块来捕捉计算机视觉任务中的长期依赖性。文献[207]采用二维自注意机制来选择性地替换二维卷积层,并取得了比原始版本更好的结果。文献[208]将输入图像分割成大小相等的图像块,以生成可学习的令牌,然后通过 Transformer 层将其编码为聚合特征。尽管与以前的基于 CNN 的模型相比,Transformer 模型展示了令人满意的性能,但在图像表征中,每个像素都使用查询键值机制来关注所有像素,因此自注意力模块的计算成本非常高。为了降低计算成本,2020 年以来,一些方法提出了许多变体结构来近似标准的自注意模块。例如,使用预测方法[209]提取重要的令牌,并通过动态聚类重新加权令牌[210-211]。一个关于目标检测的模型 DETR[212]被提出,它在很大程度上简化了基于 Transformer 的检测流程,与以前基于 CNN 的检测器相比具有更强的性能。该模型使用基于 CNN 的骨干网络来提取低级特征,并使用编码器-解码器 Transformer 来发掘高级语义特征。

尽管对于视频理解没有明确的说法,但大多数方法通常使用注意力机制来模拟空间和时间场景的上下文[213-217]。文献[213]设计了一种神经网络的变体,以对时变的空间相关性进行建模。文献[214]提出了一种基于注意力的时空图卷积神经网络,它从图的信息传递中捕捉动态相关性,以学习空间和时间特征。文献[215]提出使用基于 Transformer 的编码器来构建空间注意力和时间注意力,并将时间注意力直接索引到相应的空间注意力矩阵。文献[216]直接将 ViT[208]的设计扩展到视频分析,在视频分析中建立了几个可扩展的时空自关注机制。在 Transformer 及其变体的成功的鼓舞下,我们提出了一种新的基于 Transformer 的群体行为识别架构,该架构通过将群体关系限制到某些特定区域的注意力中,以处理多种精细关系。

7.2 基于多尺度交叉距离 Transformer 模型的群体行为识别方法

如 7.1 节所述,目前的研究通常在单一尺度上对单一的目标关系进行建模,这不足以描述不同分组尺度下多样化的目标互动。为了解决这一问题,我们提出了多尺度交叉距离 Transformer,即 MSCD-Former,其能够在多个时空尺度上建模多样化和精细化的关系。接下来将详细介绍所提方法。

7.2.1 方法概览

我们提出的 MSCD-Former 的模型如图 7-2 所示。给定一个带有单独边界框的视频片段,该方法主要通过以下阶段来进行群体行为识别。首先,对 T 帧序列进行均匀采样。对于每一帧,按照文献[110]的特征提取策略,并使用预先训练的骨干网络来生成特征图。然后,使用 ROIAlign[197]并基于 N 个对应的边界框从特征图生成个体特征。利用线性嵌入层将每个特征转换为 D 维向量。最后,根据这些参与者的位置,将 T 帧中的参与者特征对齐为一个序列并表示为 $X_I \in \mathbb{R}^{L \times D}$,其

中$L=N\times T$是初始时空尺度的参与者数量。由于相机角度不同,个
体之间的实际距离很难估计,因此在实际的实验中,我们在图像坐标
空间中使用简单但有效的欧几里得距离。

图 7-2 彩图

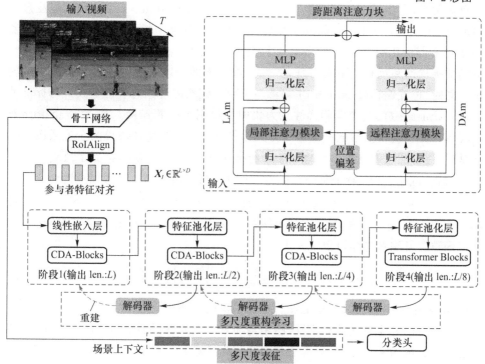

图 7-2 多尺度交叉距离 Transformer 模型

给定$\boldsymbol{X}_1$,我们将多个堆叠的跨距离注意力块部署到分层阶段以进行关系建模。
在每个阶段(除了最后一个阶段),通过跨距离注意力块中的局部注意力和远程注
意力模块来关注在局部区域中和远程区域中目标之间的交互。随后,我们设计了
一种个体特征池化层,通过合并相邻的特征来将个体特征下采样到较低的尺度,其
中采样后的特征被输入下一阶段用于进一步的关系推理。

训练过程包括两个步骤:①通过多尺度重构学习措施进行自监督预训练;②使
用群体行为标签的监督训练。在①中,通过增强跨尺度的语义一致性,可以有效地
提高目标关系表示的判别性。在②中,我们聚合不同尺度的表示以形成最终表征,
其中考虑了额外的场景上下文。我们采用一种专门的分类头,它以最终的群体表
征作为输入,以识别群体行为。需要注意的是,我们的模型使用弱监督学习方案,
不需要单独的动作标签。该设置也减少了数据标注所需要的人工成本。

7.2.2　跨距离注意力块

跨距离注意力块是在 Transformer 的基础上设计的,旨在关注不同颗粒度中的目标关系,它由局部注意力模块(Local Attention module,LAm)和远程注意力模块(Distant Attention module,DAm)组成,其中每个模块还涉及多层感知器(MLP)和归一化层(LayerNorm)。局部注意力模块与远程注意力模块并行工作,分别捕捉局部和远程上下文特征,并将其进一步融合以生成跨距离注意力块的输出。同时,位置偏移(Position Bias)参与了两个模块的注意力表征生成。与标准的 Transformer 一样,每个跨距离注意力块中也使用了残差连接。基于 Transformer 的群体行为识别模型中的一个常见方案是将个体的关联特性假设为全连通图。也就是说,在自注意的计算中考虑了整个特征序列。形式上,给定特征序列 $\boldsymbol{X}_I=\{x_1, x_2,\cdots,x_L\}$,$x_i\in\mathbb{R}^D$,对于每个个体 x_i,相应的查询、键和值向量可以描述为

$$q_i=f_Q(x_i),k_i=f_K(x_i),v_i=f_V(x_i) \tag{7.1}$$

其中,$f_Q(\cdot)$、$f_K(\cdot)$ 和 $f_V(\cdot)$ 是用线性层实现的,场景中所有个体共享查询、键和值函数。自注意操作可以定义为

$$\mathrm{Att}(x_i)=\mathrm{softmax}\left(\frac{[q_i^{\mathrm{T}}k_j]_{j=1:L}}{\sqrt{d_k}}\right)[v_i]_{i=1}^L \tag{7.2}$$

其中,d_k 是用于注意的数值稳定性的缩放点积项,L 是序列长度。

与上述的完全连接假设不同,跨距离注意力块处理更多结构化的数据序列,并将注意力解耦为两个分支:局部注意力和远程注意力。对于局部注意力,给定长度为 L 的输入序列,每 G 个特征被分组到一个特定集合(即窗口),长度 L 的序列可产生 L/G 个非重叠窗口。基于此,每个特征都有其邻域并表示为 $\mathrm{Loc}(i)=\{x_j\}_{j=1}^G$,其中,$G$ 是邻域数,每个 $x_j\in\boldsymbol{X}_I$。例如,在图 7-3(a)中,所有具有绿色边界的特征都属同一组,此时 $G=4$,即窗口大小为 4。因此,在 LAm 中,当更新每个特征时,我们只需要在其邻居节点中应用自注意力机制,而不需要在所有其他节点中应用。形式化上,局部注意力运算 LA($\cdot$)可以写成

$$\mathrm{LA}(x_i)=\mathrm{softmax}\left(\frac{[q_i^{\mathrm{T}}k_j]_{j|x_j\in\mathrm{Loc}(i)}}{\sqrt{d_k}}\right)[v_i]_{i|x_i\in\mathrm{Loc}(i)}^G \tag{7.3}$$

在远程注意力中,我们以固定的间隔对个体特征进行采样。例如,在图 7-3(b)中,带有绿色边框的特征属于一个组,而带有红色边框的特征则属于另一个组。窗口大小为输入大小和固定间隔的商,即 $G=L/\phi$(在本例中,$G=4$,L 是输入大小)。与 LAm 类似,在 DAm 中,每个嵌入都有其逻辑邻域,并以一定的时空距离分散,可表示为 $\mathrm{Dis}(i)=\{x_j\}_{j=1}^G$,其中,$G$ 是邻域的数目,每个向量 $x_j\in\boldsymbol{X}_I$。形式上,远距离注意力运算 DA($\cdot$)可以写成

$$\mathrm{DA}(x_i)=\mathrm{softmax}\left(\frac{\left[q_i^{\mathrm{T}}k_j\right]_{j|x_j\in\mathrm{Dis}(i)}}{\sqrt{d_k}}\right)\left[v_i\right]_{i|x_i\in\mathrm{Dis}(i)}^G \tag{7.4}$$

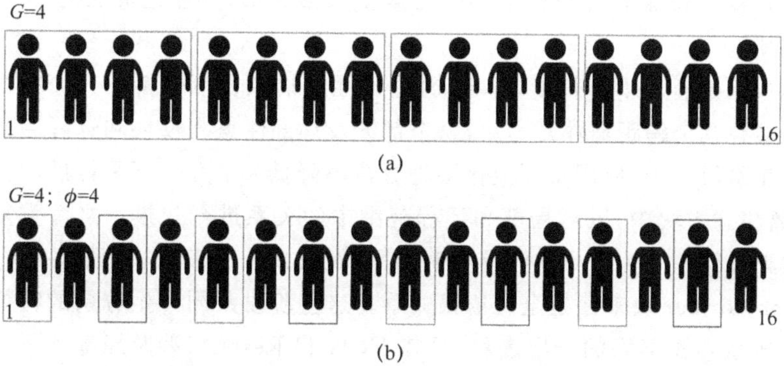

图 7-3 局部注意力和远程注意力的分组方案示意图

图 7-3 彩图

在对特征进行分组之后,LAm 和 DAm 都在某些窗口内使用标准的自注意力机制。因此,也降低了自注意模块的计算成本。与标准的 Transformer 类似,我们还使用了多头机制,该机制在计算注意力时结合了多个假设空间,允许模型联合处理来自不同特征空间的信息。此外,相对位置用于产生特征的位置信息。具体地说,它被添加到查询和相应键值的点积相似性计算中,该项变为$q_i^{\mathrm{T}}k_j+B_i$。以前的大多数研究都使用偏差$B_i=\hat{B}_{\Delta x_i}$,其中$\hat{\boldsymbol{B}}$是一个固定大小的矩阵,Δx_i表示从第 i 个嵌入第 j 个嵌入的坐标之间的标量距离。显然,当Δx_i大于$\hat{\boldsymbol{B}}$时,有限大小的序列将无法获取位置信息。根据文献[205],我们创建了一个基于 MLP 的可学习位置偏差模块,以动态生成相对位置偏差

$$B_i=\mathrm{MLP}(\Delta x_i) \tag{7.5}$$

其中,MLP 的非线性变换由具有归一化和 ReLU 的 3 个线性层组成。由于 Transformer 模型的可学习机制,它可以处理任何组大小,而不依赖于Δx_i的尺寸。

给定$\boldsymbol{X}_I$,我们将 LA($\cdot$)和 DA($\cdot$)的结果求和为跨距离注意力块的输出,即$\hat{\boldsymbol{X}}_I\in\mathbb{R}^{L\times D}$,这个过程可以形式化为

$$\hat{\boldsymbol{X}}_I=\{\mathrm{LA}(x_i)+\mathrm{DA}(x_i)\}_{i=1}^L,x_i\in\mathbb{R}^D \tag{7.6}$$

其中,我们忽略了 LayerNorm、MLP 和位置编码,进行了简洁的表示。此外,跨距离注意力块将被部署到层次结构,并通过逐步减少 L 来产生金字塔表示。

7.2.3 层次结构

MSCD-Former 使用层次结构生成多尺度组表示,如图 7-2 所示,该结构由 4

个阶段组成。其中每个阶段都包含一个特征池层和几个堆叠的跨距离注意力块。为了构建金字塔表示,随着网络的深入,特征池层减少了上一阶段的特征数量。具体而言,该层在每组中两个相邻特征的同一维度上取最大值,并在汇集后的 D 维特征上应用线性层。

在阶段 1 中,原始输入 $\boldsymbol{X}_I$ 的长度,即 L,通过线性层抽象长度保持不变。在线性层之后,我们堆叠几个跨距离注意力块,每个都涉及局部注意力模块和远程注意力模块。随后,在阶段 2 中,应用特征池化层将分辨率降低到 $L/2$。下采样后的特征被输入跨距离注意力块中,以对局部和远程范围中的关系进行建模。之后重复该过程一次,输出分辨率变为 $L/4$。值得注意的是,在最后一个阶段,即阶段 4,我们使用标准 Transformer 块来建模全局依赖关系。这些阶段共同产生分层的特征表示,这类似于典型卷积网络的分层表示,例如 VGG 和 ResNet,涉及局部上下文和全局上下文。比较重要的是,层次结构也有助于提高局部关系和远程关系建模的有效性。此外,由于窗口不重叠,如果只有一个尺度可用,那么一些有意义的关系很容易被忽略。分层结构在链接这些嵌入时提供了足够的多尺度上下文,因此可以缓解这个问题。

7.2.4 多尺度重构学习

相比于图像像素,群体行为中的个体数目较少,因此在较低尺度下,群体上下文信息(如队形和跑位)更容易会丢失。然而,为了获得有意义的组表示,我们期望语义信息会随着尺度规模的减小而保留。为了实现这一点,我们提出了多尺度重构学习,这是一种具有自我监督能力的基于特征重建的学习措施。掩膜自动编码器[218]可以通过重建缺失的图像来进行可扩展的图像表征学习。受其启发,我们尝试从较低的尺度恢复群体变化信息中的初始上下文,以鼓励模型保持多尺度语义的一致性,进而提升群体表征的判别能力。

具体地,我们在每个尺度对中放置一个解码器,其从较低尺度的潜在表示中重建完整信号。在阶段 2 中,跨距离注意力块生成一组潜在的关系特征,每个编码特征旁边放置一个掩码标记,组成与前一阶段的输出长度相同的填充特征序列。我们使用与文献[219]相同的掩码标记,即共享、可学习的张量,其表示要预测的缺失向量。此外,在这个集合中采用了相对位置嵌入,类似于跨距离注意力块中的位置编码,用于声明它们在序列中的位置。填充的特征序列通过解码器来执行重建任务,其中目标是阶段 1 中跨距离注意力块输出的编码特征。我们在特征空间中计算重构信号和目标信号之间的均方误差,这使得跨距离注意力块可以记忆更丰富的上下文信息。

解码器是一系列具有独立参数的 Transformer 块,它只用于执行重建任务,在预训练后将被丢弃。因此,解码器可以在不依赖于编码器设计的情况下独立设计,并且在这种情况下可以用比编码器更轻量级的结构。在自监督的预学习之后,我们进一步进行监督训练,其中只有跨距离注意力块用于群体行为识别。多尺度群体行为表示是通过连接从每个阶段的输出进行平均池化生成的。此外,我们还利用从骨干网络的输出特征图中嵌入场景上下文形成最终群体表征。最后,我们使用一种特定的、由线性层组成的分类头,将最终的群组表示作为输入来识别群体行为。

7.3　实验结果与分析

在本节中,我们将在 VolleyTactic、Volleyball 数据库上进行充分的实验,通过将所提出的方法与其他先进的方法进行比较以评估 MSCD-Former。其中,消融实验是在 VolleyTactic 数据库上进行的,以探索所提方法中每个部分的有效性。接下来将详细描述数据库、实验细节和实验结果。

7.3.1　数据库

VolleyTactic 数据库由文献[201]提出,旨在识别排球战术,这是一种具有不同球员间互动和长时间时序动态的专业群体行为。该数据库包含了 12 个来自 YouTube 上世界级排球比赛视频的 4 960 个视频片段,其中 8 场比赛用于训练,4 场比赛用于测试,总共有 3 340 个训练样本和 1 620 个测试样本。该数据库包括 6 种战术,即接发、进攻、强攻、拉开、交叉和立体战术。出于实际考虑,该数据库引入了一种弱监督设置,即不注释个人动作和真实的边界框,只提供运动员的检测和视频级别标签。

Volleyball 数据库包含来自 55 场排球比赛的 4 830 个视频片段,有 3 493 个训练样本和 1 337 个测试样本。共包括 9 种个体行为和 8 种群体行为。每个视频片段属于 8 种行为之一,包括组织、扣球、传球和得分,其中每个行为分为左右两组,因此共 8 种行为。此外,在每个片段的关键帧中,每个运动员都标有 9 个动作中一个类别和相应的边界框。

7.3.2　实验细节

对于所有数据库,我们采用从视频中均匀采样的 20 帧,并调整分辨率为 720×1 280。我们分别从在预训练的 Inception-v3 的初始权重开始,提取个体特征 $x_i \in \mathbb{R}^{512}$。

对于窗口大小 G 和间隔 ϕ，在第一阶段，我们设置 $G=12, \phi=20$。在第二阶段中，$G=6, \phi=20$。对于第三阶段，$G=6, \phi=10$。对于最后一个阶段，我们使用标准的自我关注，而不进行分组设置。在跨距离注意力块中，LAm 和 DAm 使用一个具有 8 个注意力头的注意力层。在网络训练过程中，我们使用的批处理大小为 8 个样本，并在所有数据库上使用 Adam 优化器，Adam 对模型进行 150 次迭代训练。初始学习率设置为 0.000 5。在第 40 次迭代中，我们以 0.000 1 的学习率训练模型。在第 40 次和第 80 次迭代中，我们使用的学习率为 0.000 05。在第 120 次迭代之后，使用的学习率为 0.000 01 并保持直到迭代结束。

7.3.3 消融实验

在本节中，我们对 VolleyTactic 数据库进行消融实验，该数据库涉及比其他数据库更多样化的群体交互，因此更加适用于验证 MSCD-Former 中不同部分的有效性。

1. 阶段数目和输入帧数目

多尺度关系表示是通过部署由堆叠的跨距离注意力块组成的分层阶段实现的，因此有必要评估不同阶段数目的影响。我们根据所提出的模型调整了数目，当阶段数目为 5 时，第 4 阶段的设置为 $G=6, \phi=5$，第 5 阶段的设置为 $G=15, \phi=1$。如表 7-1 所示，我们从中观察到，由于多尺度特征的优势，与仅使用单个阶段相比，构建多个阶段可以提升模型性能，且经过 4 个阶段后，准确率达到饱和，最佳结果为 89.5%。

表 7-1　不同阶段数目的性能比较

阶段数目	1	2	3	4	5
准确率	86.3%	86.9%	87.5%	**89.5%**	89.2%

由于窗口中的解耦注意力机制，我们所提出的模型能够在不增加计算复杂性的情况下捕捉长时间的群体动态变化特征。保持 $G=12$ 的固定注意力窗口和单一尺度，我们探索使用输入不同帧数目的效果。表 7-2 对比较情况进行了总结。结果表明，在输入帧数目为 20 时达到了最佳性能，并且在输入帧数目较少时会抑制我们所提出的模型在群体表征学习中的表现。

表 7-2　不同输入帧数目的性能比较

帧数目	3	5	10	20	25
准确率	83.3%	84.9%	85.5%	**86.3%**	86.1%

2. 关系建模的变体

为了衡量跨距离注意力块收集的不同关系上下文的重要性,我们对以下关系建模的变体进行了消融实验。①局部注意力模块:我们删除了跨距离注意力块中的远程注意力模块,只保留了局部注意力模块;②远程注意力模块:跨距离注意力块中只有远程注意力模块工作;③全局块:局部/远程注意力模块被替换为标准Transformer[108]的全局注意力机制。此外,我们使用两种模式对初始时空尺度上的个体特征进行排列,即随机排列和基于位置的排列。

除了架构的方式不同,其他设置与实验细节描述一致。表 7-3 为不同时空关系建模结构的性能比较结果,R-A 代表随机排列,P-A 代表基于位置的排列。如表 7-3 所示,大多数使用基于位置的对齐的变体通常会获得稍好的结果,这可能是因为群体动态上下文在随机排列中被破坏。在基于位置的排列模式下,采用局部注意力模块和远程注意力模块比采用全局块在准确率上分别提高了 1.1% 和0.3%,说明窗口注意力在群体行为关系建模中是一个不错的选择。我们所提出的跨距离注意力块考虑了多窗口注意力,将局部/全局注意力结合起来,共同利用时空上下文信息,与全局块相比,其基于位置的排列方式在准确率上得到了显著提高,即提高了 3.7%,这强调了同时学习不同方式的注意力信息对群体行为识别的重要性。

表 7-3 不同时空关系建模结构的性能比较

结构	准确率(R-A)	准确率(P-A)
Local-Block	86.6%	86.9%
Distant-Block	86.0%	86.1%
Global-Block	85.5%	85.8%
CDA-Block	**88.8%**	**89.5%**

3. 多尺度重构学习

为了评估多尺度重构学习的贡献,我们创建了以下基线模型。①B1:我们剔除了 MSR 学习,只保留监督训练;②B2:我们将 MSR 学习修改为只从最后阶段到第一阶段进行构建;③B3:MSR 学习中,尺度重构的间距设置为 2,而不是像所提出的模型中设置到相邻尺度之间那样。实验结果如表 7-4 所示。与不考虑基于重构的预训练的 B1 相比,B2、B3 和所提出的模型中重构学习的性能均有提高。其中,B3 比 B2 获得了更好的性能,所提出的模型的准确率更是达到了 89.5%,为最佳结果,这表明在更近得多尺度上重构上下文信息更有助于提高语义一致性。

表 7-4 不同多尺度重构学习方式的性能比较

方法	B1	B2	B3	Ours
准确率	87.8%	88.2%	88.9%	**89.5%**

4. 可视化

在图 7-4 中,我们在 VolleyTactic 数据库上可视化了我们所提出的模型(在第 3 阶段)生成的局部注意力和远程注意力的几个例子。可以看出,关键参与者之间有意义的局部关系和远程关系被捕捉、突出和融合,显示出其互补优势。拉开战术与防守战术相比具有更多的局部互动,而远程互动集中在更少的参与者身上。这是因为防守战术主要反击对方队伍,而不涉及己方场地之间的合作。图 7-5 显示了具有不同失败和成功类型的案例。从图 7-5 中可以看出,大多数活动都被正确分类,例如组织、排队。但视频中一些特定行为会欺骗我们所提出的模型,例如 VolleyTactic 数据库的立体和强攻,这是因为它们之间的高度相似性。

图 7-4 彩图

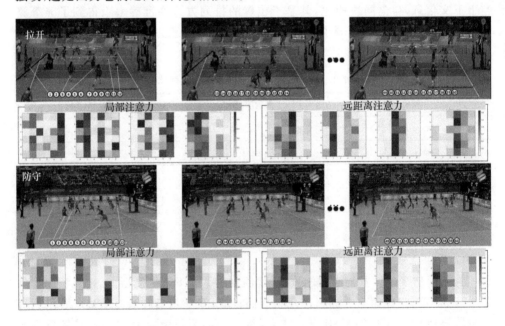

图 7-4 局部注意力与远程注意力可视化示例

图 7-5　所提方法的识别结果

7.3.4　与其他先进方法的比较

1. VolleyTactic 数据库

我们在 VolleyTactic 数据库上评估了本章所提出的方法,并将其与最先进的群体行为识别方法进行比较,包括 HRN、ARG、DIN、A-Former、Relation-CRF、A-GTCN 和 GroupFormer。为了满足弱监督学习,我们遵循文献[201]的设置,并在复现这些方法时从单个动作标签中删除监督。表 7-5 总结了 RGB 输入和其他模态输入(例如姿势线索)的比较结果。如表 7-5 所示,在相同的评估标准下,包括输入模态和骨干网络,我们所提出的方法以很大的优势击败了其他所有方法,证明了其在多个时空尺度上进行多类别目标关系建模的有效性。A-GTCN 具有长期动态建模的能力,比同期的其他方法表现更好,例如,学习全局目标关系的 A-Former,即在具有 Inception-v3 骨干、相同 RGB 输入下,结果是 86.4% 对比 87.8%,这还是在我们不考虑多尺度重构学习的情况下的结果。当考虑姿势线索时,本模型的准确率达到了 90.3% 这样一个最优秀的性能,并优于相同设置的所有同类模型,这显示了 MSCD-Former 在捕捉详细的运动员互动和长期群体动态方面的优势。

表 7-5 VolleyTactic 数据库上所提方法与其他先进方法的性能对比

方法	骨干网络	输入	准确率
HDTM[2]	AlexNet	RGB	82.0%
HRN[103]	VGG19	RGB	82.6%
ARG[109]	Incept-v3	RGB	81.0%
DIN[199]	ResNet-18	RGB	81.9%
Relation-CRF[220]	I3D	RGB	83.9%
A-Former[109]	I3D	RGB	83.0%
A-GTCN[201]	Incept-v3	RGB	86.4%
GroupFormer[5]	Incept-v3	RGB	83.4%
Ours w/o MSR	Incept-v3	RGB	87.8%
Ours	I3D	RGB	89.2%
Ours	Incept-v3	RGB	**89.5%**
Relation-CRF[220]	I3D+HRNet	RGB+Pose	85.9%
A-Former[109]	I3D+HRNet	RGB+Pose	83.2%
A-GTCN[201]	Incept-v3+HRNet	RGB+Pose	88.3%
GroupFormer[5]	Incept-v3+HRNet	RGB+Pose	86.9%
Ours	Incept-v3+HRNet	RGB+Pose	**90.3%**

2. Volleyball 数据库

对于 Volleyball 数据库,我们将本章所提出的模型与先进的群体行为识别模型在两种学习方案中进行了比较,包括全监督学习方案和弱监督学习方案。前者在训练和推理中使用了完整的标注信息,包括视频级别、个体级别的标签和真实的边界框。后者则类似于在 VolleyTactic 数据库上设置的那样,单个动作分类头被移除,真实边界框被替换为对象检测器。为了进行公平的比较,我们展示了仅使用 RGB 输入的 SOTA 方法的结果,以及使用相同 ResNet-18 骨干的弱监督方法的结果。表 7-6 总结了比较结果。一般来说,由于充分的监督信息的干预,完全监督的模型比弱监督的模型表现更好。在弱监督环境中,我们所提出的方法即使在没有 MSR 学习的帮助下,也在很大程度上优于其他所有模型,特别是在准确率方面超过 90% 的方法,例如 GroupFormer 和 A-GTCN。所提出的以 RGB 和姿态模态作为输入的方法准确率达到 93.5%,为最佳结果,并且还击败了当前主流、先进的全监督模型,例如 A-Former 和 DIN。这些结果表明,MSCD-Former 通过在多个时空尺度上建立不同的个体关系,并在多尺度上采用重构学习,产生了更具判别性的群体行为表征。

表 7-6　Volleyball 数据库上所提方法与其他先进方法的性能对比

方法	骨干网络	训练	准确率
HDTM[2]	AlexNet	Fully	81.9%
CERN[97]	VGG16	Fully	83.3%
stagNet[102]	VGG16	Fully	89.3%
HRN[103]	VGG19	Fully	89.5%
SSU[110]	Incept-v3	Fully	90.6%
PCTDM[196]	ResNet-18	Fully	90.3%
ARG[109]	Incept-v3	Fully	92.5%
CRM[104]	I3D	Fully	92.1%
HiGCIN[200]	ResNet-18	Fully	91.4%
A-Former[109]	I3D	Fully	90.0%
DIN[199]	ResNet-18	Fully	93.1%
A-GTCN[201]	Incept-v3	Fully	92.1%
TCE+ST[202]	Incept-v3	Fully	94.1%
GroupFormer[5]	Incept-v3	Fully	94.1%
Dual-AI[221]	Incept-v3	Fully	**94.4%**
PCTDM[196]	ResNet-18	Weakly	80.5%
ARG[106]	ResNet-18	Weakly	87.4%
A-Former[109]	ResNet-18	Weakly	84.3%
Relation-CRF[220]	ResNet-18	Weakly	83.3%
DIN[199]	ResNet-18	Weakly	86.5%
SAM[84]	ResNet-18	Weakly	86.3%
DFWSGAR[222]	ResNet-18	Weakly	88.1%
GroupFormer[5]	ResNet-18	Weakly	91.2%
A-GTCN[201]	ResNet-18	Weakly	90.9%

方法	骨干网络	训练	准确率
Ours w/o MSR	ResNet-18	Weakly	91.6%
Ours	ResNet-18	Weakly	93.4%
Ours (RGB+Pose)	ResNet-18+HRNet	Weakly	**93.5%**

本 章 小 结

本章提出了一种新的多尺度交叉距离 Transformer(MSCD-Former)模型,它解决了群体行为识别中的两个主要问题,即多样关系建模和多尺度表示构建。对于前者,跨距离注意力块涉及两种自注意模式,即局部注意力和远程注意力,同时建立在某个局部区域内的个体和分布在远距离的个体之间的交互关系。对于后者,层次结构是通过部署多个堆叠的跨距离注意力块来实现的,其中多尺度的群组表示得到了细化。为了实现跨尺度的语义一致性,我们设计了一种独特的多尺度重构学习措施,从而产生更有意义和判别性的多尺度组表示。我们在 2 个主要数据库上进行了充分的实验,即 VolleyTactic 和 Volleyball,实验结果和可视化结果证明了我们所提方法的有效性。

第 8 章

基于长短状态预测 Transformer
的群体表征自学习方法

8.1 引　言

在前文中,我们论述了传统的基于深度学习的群体行为识别方法倾向于使用长短时记忆(LSTM)网络、图卷积网络(GCN)或 Transformer 模型来建模个体之间的时空关系和群体时序变化信息,并取得了巨大进展。然而,这些方法局限在监督或弱监督模式下,并且需要大量人工注释的个体动作或群体行为标签。

在过去的几年里,大量研究证明了深度学习在无监督学习任务上的优势,例如自然语言处理[219]、图像/视频表征学习[223-229]。同时,图像/视频的自监督表征学习(Self-Supervised Representation Learning,SSRL)取得了令人满意的性能,甚至可以与全监督训练的模型媲美[26,228,230]。因此,我们受其鼓舞,研究了一种新的任务,即使用自监督学习方案学习群体行为的表征。

解决自监督表征学习问题的一个直观想法是利用视频 SSRL 框架。在该领域中,早期的研究探索了视频的特有结构,并设计了特定的前置任务,例如检测视频旋转[231]、估计帧顺序[232-234]和识别视频播放速度[229,235]。尽管它们已经取得了令人满意的结果,但由于过于独特的设计导致其泛化能力有限。

随着对比学习在图像表征中取得巨大成功,大量的方法被直接扩展到了视频领域。然而,仅仅使用图像表征方法将导致视频内容的时间演变信息得不到充分利用。一种常见的方式是通过对比学习来加强同一来源(例如图像/视频)的表征对的相似性,并减弱不同来源的表征对的相似性。在此框架下,当源视频的变化不明显时,例如在图像中,这种假设是合理的。然而在视频领域,其内容在不同帧之间的变化通常很大,因此该假设将是不可信的。为了缓解这个问题,基于对比学习的预测编码方案[226]可以通过预测合理的未来变化来考虑时间演变,并在视频SSRL中表现出较为不错的性能。它试图预测接近真实的未来状态,并构建可信的表征对来进行自监督学习。同样地,群体行为中也存在许多复杂的状态变换。因此,预测编码在学习群体行为表征方面具有较大潜力。

然而,与视频动作相比,群体行为中复杂的状态变化更具特殊性,这种变化不仅存在于场景中个体的动作中,而且存在于他们的交互行为中。例如,如图8-1所示,在组织行为中,个体有多种动作状态,包括跑步、跳跃和扣球,同时,群体行为涉及个体之间的不同互动,并在各种隐含状态之间变化。因此,预测群体行为中的未来状态比预测视频动作中的未来状态更具挑战性。视频动作通常由简单的动作假设组成(例如,打高尔夫主要包括向前挥杆和向后挥杆),这可能导致使用RNN(例如GRU)[226,236]预测未来的视频SSRL方法失败,因为它们难以建模复杂的序列关系。研究者也已经提出了几种方法[237-239]来预测不同目标间的互动信息。Yan等人[237]开发了一种循环注意机制,以解决两个人互动的动作预测问题。Chen等人[239]捕捉了复杂的关系变化信息,并通过顺序编码器和解码器预测了结构化的群体表征。然而,这些研究中使用的是标准的序列建模技术,例如LSTM网络缺乏对历史序列相关性的关注。为了利用Transformer网络在自然语言处理和计算机视觉任务中的研究成果,人们试图将其用于序列数据中的未来预测,例如时间序列[240-241]、动作序列[242]和行人轨迹[243]。通过与序列相关性相关的强大的自注意机制,这些模型显著改善了时间建模的性能。然而,它们仅限于用于正常的数据序列,很难将其推广到更结构化的数据中,例如群体结构,因此存在很大的提升空间。

图8-1彩图

图8-1　打高尔夫和组织进攻之间的比较

同时,我们观察到,人类倾向于重复他们的动作,这一特点不仅在短周期的个体动作中出现,例如跑步,而且在更长时间内发生的更复杂的群体行为中也有这一特点,例如体育战术[244]。在群体行为SSRL中,我们认为通过利用不同范围的历史信息来更好地表示复杂的群体状态并描述更可靠的群体状态转变是至关重要的。

为了解决这些问题,我们提出了一种长短状态预测 Transformer(Long-Short States Predictive Transformer,LSSPT)且基于预测编码来学习群体行为的表征。该方法基于编码器-解码器框架,其中编码器总结观察到的帧中的群状态动态,解码器预测未来的状态。具体来说,我们设计了一个基于关系图和因果 Transformer 的长短状态编码器,以对个体行动和群体互动中不同状态变化信息进行建模。在长短状态编码器中,稀疏图 Transformer(Sparse Graph Transformer,SGT)用于对短距离时隙中空间状态上下文进行建模。它通过与邻居传递消息来更新每个节点,为场景中的个体提供丰富的上下文。然后,因果时序 Transformer(Causal Temporal Transformer,CTT)可以关注长时间的时序动态,以对状态演化进行建模。对于预测,我们提出了一种长短状态解码器,其综合利用大量的历史信息来逐步预测未来的群体状态,且通过状态注意力单元来同时关注短期状态背景下的相关历史信息和长期的历史状态演变,以预测更合理的未来变化。在学习阶段,对于预测的状态信息,我们从全局角度考虑其可区分性和一致性,这使得 LSSPT 能够全面理解群体状态的转换规律,从而生成更好的群体行为表征。综上,在本章中,我们做出了以下 3 项贡献。

① 我们提出了一种长短状态预测 Transformer,它可以通过动态利用大量历史信息来预测未来的群体状态,从而学习有意义的群体行为特征。

② 我们提出了一种长短状态编码器和长短状态解码器,用于对大量动态模式进行建模,并逐步预测未来的群体关系特征。在长短状态解码器中引入了状态注意和状态更新机制,以捕捉短期空间状态上下文和长期历史状态演变。在一个新的全局损失函数的指导下,该解码器能够描述更可靠的群组状态转换。

③ 我们在 Volleyball、Collective Activity 和 VolleyTactic 数据库上充分评估了学习到的群体行为表征的质量,且实验结果表明所提方法比其他方法有着更好的性能。

8.2 相 关 工 作

8.2.1 自监督学习

在计算机视觉中,自监督表征学习方法首先在图像表征领域提出,随后一些研究者将其扩展并应用于视频表征学习。这些技术可以大致分为两类:基于前置任务和基于对比学习。

　　实际上,视频数据前置任务的巧妙设计是为了生成监督信号,将自监督学习问题转变为监督学习。许多研究关注如何利用时序信息,因为与图像相比,视频多出了额外的时序信息。例如,Fernando 等人[232]训练了一个奇数估计网络来识别不相关或奇数的视频片段。Lee 等人[233]提出了一种顺序预测网络,用于对视频中被随机打乱的帧的正确顺序进行分类。此外,Xu 等人[234]在训练过程中使用了视频剪辑和 3D-CNN,并提出了一个网络来估计视频剪辑片段的顺序。而 2020 年以来的一些研究采用了输入视频剪辑的播放速度来挖掘监督信号。Benaim 等人[245]设计了一种基于速度的网络,该网络经过训练可以检测视频是以正常速度播放还是加速播放。Huang 等人[246]提出了一种新的前置任务,该任务将视频的时间信息感知与运动对象的运动幅度感知相结合,以学习时空视频表示。此外,许多基于时间变换的策略,例如回放速率感知[247]和时间变换[248],也被证明是有效的。

　　同时,对比学习已经成功地应用于视频数据。许多用于图像表示的对比学习策略,例如多视点编码(CMC)策略和对比预测编码(CPC),可以通过简单地用视频数据替换图像数据来进行视频表征学习。为了更好地利用时空信息,Tao 等人[249]通过打破时间关系生成了内部负样本,扩展了负样本的数量,使得模型可以利用丰富的时间信息。Zhu 等人[250]提出了一种新的两阶段框架,该框架将实例对比学习和无监督聚类相结合,逐步学习紧凑性的视频时空表示。受预测编码[223]的启发,文献[236]提出了稠密预测编码,通过基于过去预测未来的稠密表示来处理视频数据。后来,Han 等人[226]改进了该方法,通过增加一个压缩记忆单元,将历史经验映射到一组压缩记忆中,以更好地预测未来,展示最新的性能状态。除了仅利用视觉数据外,一些方法还考虑了额外的模态,如对比学习中的音频[251]、文本[252]和文本描述性数据[253]。

　　为了同时利用前置任务和对比学习的优点,最新的研究[229, 254]尝试将其组合,并已被证明在特定任务中有效。在本节中,我们受到了预测编码思想的启发,并专注于群体行为表征学习。与视频动作相比,群体行为在个体动作和群体互动中包含更复杂的状态,因此需要做出更多努力来解决这个问题。

8.2.2　行为预测

　　行为预测是在活动完全执行之前预测未来的活动标签或表示。大多数现有研究[255-259]专注于预测个体在不同模式下执行的动作标签,例如视频、深度和骨架。各种方法倾向于预测特定任务的未来特征,例如表征学习。Kong 等人[260]通过将完整视频中的知识转移到基于对抗性学习中,并利用顺序上下文信息基于观测数据进行特征重建。Wang 等人[261]开发了一个师生学习框架,从动作识别任务中提取知识,丰富了部分视频的特征表示。Gammulle 等人[262]提出了一个用于未来视觉和时间表示合成的联合学习任务,提高了行为预测的精度。相比之下,关于群体行为预测的研究相当有限。Yan 等人[237]开发了一种循环注意机制,以解决一对个体相互作用的动作预测问题。Yao 等人[238]提出了一种基于双向 LSTM 网络的多粒度交互预测网络。Chen 等人[239]捕捉了历史上复杂的关系变化信息,并预测了群体行为的结构化特征。在本章中,我们致力于通过更好地利用丰富的历史动态以预测未来的群体状态,挖掘有意义的群体行为特征。

8.3　基于长短状态预测 Transformer 的群体表征自学习方法

本章的目的是通过自我监督学习获得群体行为特征,并用于群体行为识别任务。我们以预测编码思想为基础来构建模型,预测编码框架可以被定义为一个由3 个函数组成的框架,即时空编码函数、预测函数和优化函数。该框架的目标是鼓励模型根据过去的动态预测出令人信服的未来状态。如 8.1 节所述,与视频动作相比,群体行为包含了更多样化的状态,因此群体行为预测复杂性更高。本方法的主要优势在于我们充分地表达了个体行为和群体互动中的状态信息,并通过有效地利用多个时间范围的历史信息为状态转变提供保障。为此,我们提出了一种长短状态预测 Transformer(LSSPT),它改进了现成的预测编码方案,并将其用于挖掘群体行为中有意义的时空特征。

8.3.1　概览

LSSPT 的总体结构如图 8-2 所示,它包括一个用来对观测中的状态变化信息建模的长短状态编码器(LSS 编码器),一个用来预测未来状态的长短态解码器(LSS 解码器)以及一个用来优化模型的联合学习机制。给定一个视频剪辑,LSSPT 进行群体行为的自监督表征学习时包括以下几个阶段。

1. 特征提取

首先,从具有目标检测信息的视频剪辑中按顺序对帧序列进行均匀采样。在每一帧中,我们使用 I3D 骨干网络来提取外观特征。然后,使用 ROIAlign 从特征图中生成目标特征。

图 8-2 彩图

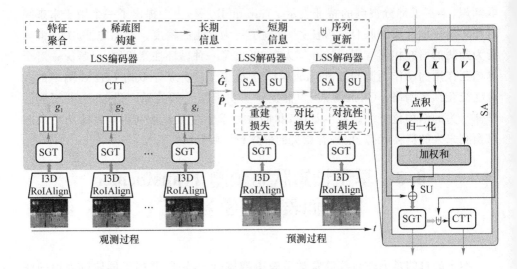

图 8-2　长短状态预测 Transformer 结构

2. 长短状态编码器

根据原始的个体特征和位置,我们为特定帧中群体目标构建相应的稀疏图,并将观察到的稀疏图输入 LSS 编码器,用于对状态变化信息建模。在该编码器中,我们设计了一个稀疏图 Transformer(SGT),通过消息传递机制递归地更新图节点,以对空间状态上下文进行建模。节点特征被聚合并生成特征 g_t,即在第 t 帧处的群组级特征。然后,我们将输出特征排列成序列并输入因果时序 Transformer(CTT)中,以对长期状态演变进行建模。

3. 长短状态解码器

该解码器探索丰富的历史状态动态,以逐步预测未来的群组状态。在每个预测步骤,SGT 生成的前一步骤的短期空间状态上下文和 CTT 中的长期状态演化信息通过状态注意力(SA)单元被充分利用。此外,关于下一预测步骤的输入,短期信息和长期信息分别由 SGT 和 CTT 进一步细化。

4. 训练和推理

为了训练模型,我们采用联合学习方法,以提高预测状态的可判别性和一致性。为此,我们对个体级状态应用重建损失,对群组级状态应用对比损失,对序列级状态应用对抗性损失。对于推理,我们只使用 LSS 编码器的提取特征作为学习的群体行为表征,该表征被应用于下游任务,即群体行为识别。我们知道,用于视频表征的深度模型,例如 I3D 模型,往往需要在大型数据库上进行训练。而现有群体行为数据库的规模有限,很难从头开始训练用于视频表征的深度网络。在本章中,我们利用低级别的监控信号,包括 I3D 预训练模型和目标检测,来提取个体特征。需要注意的是,高层级的群组关系特征是在自监督模式下学习的,没有任务相关的标注信息(个体动作和群体行为标签)。在下文中,我们将介绍 LSSPT 的细节。

8.3.2 长短状态编码器

长短状态编码器由稀疏图 Transformer 和因果时序 Transformer 组成,并以级联的方式协作,生成观测数据中的群体行为时空状态变化信息。

1. 稀疏图 Transformer

SGT 是为空间状态上下文建模而设计的,它适用于由场景中个体构建的稀疏图。其中,每个节点都通过向其邻居节点传递消息来进行更新。给定某一视频帧中原始的个体特征,SGT 涉及以下阶段。

(1)稀疏图构建

基于这些单独的个体特征和位置,我们为其构建稀疏图。具体地,在第 t 帧中,包含一组个体 $\{p_i^t\}_{i=1}^N$,其中 $p_i \in \mathbb{R}^d$ 表示第 i 个人的特征,N 是个体数目。我们约定,当个体对 (p_i, p_j) 的距离小于预定阈值 d 时,它们将被连接,这样就产生了稀疏图 $\boldsymbol{G}^t = (\boldsymbol{V}^t, E^t)$,其中节点 $\boldsymbol{V}^t = \{p_i^t\}_{i=1}^N$,时间 t 的边 $E^t = \{(i, j) \mid p_i, p_j\}$。在 $\boldsymbol{G}^t$ 中,每个节点都有其邻域,表示为 $\mathrm{Nei}(i, t) = \{p_j^t\}_{j=1}^M$,其中 M 是邻居节点数量,每个节点 $p_j, p_i, (i, j) \in E^t$。

(2)节点更新

给定一个稀疏图,SGT 通过向其邻居节点传递消息来更新每个节点。本质上,在这个过程中,邻居节点可以被认为是一个特定的序列,并在这个序列上应用了自注意机制。在传统的 Transformer 中,输入的是长度为 N 的特征序列 $\{h_i\}_{i=1}^N$,并且自注意机制可以被视为在无向全连通图上传递的消息。对于隐式状态 h_i,学习相应的查询、键和值向量,其中 $q_i = f_Q(h_i)$,$k_i = f_K(h_i)$,$v_i = f_V(h_i)$,f 表示完全连接层。在全连通图中,我们将从节点 p_j 传递到节点 p_i 的消息定义为 $M(i, j) = q_i^\mathrm{T} k_j$,该自注意操作可以写成

$$\hat{h}_i = \mathrm{softmax}\left(\frac{[q_i^\mathrm{T} k_j]_{j=1:N}}{\sqrt{d_k}}\right)[v_i]_{i=1}^N \tag{8.1}$$

其中,$\hat{h}_i$ 是 h_i 更新后的表示,d_k 是维持数值稳定性的缩放点积因子。与全连通图不同,稀疏图非常关注局部范围关系。因此,在更新每个节点时,我们只需要在其邻居节点中应用消息传递,而不需要在所有其他节点中应用。数学上,对于稀疏图

$G=(V,E)$，其中 $V=\{p_i\}_{i=1}^N$，$E=\{(i,j)\mid p_i,p_j\}$，表示连通的边，注意力运算可以写成

$$\hat{p}_i = \mathrm{softmax}\left(\frac{\left[q_i^{\mathrm{T}}k_j\right]_{j\mid p_j\in\mathrm{Nei}(i)}}{\sqrt{d_k}}\right)\left[v_i\right]_{i\mid p_i\in\mathrm{Nei}(i)}^M \tag{8.2}$$

其中，$\hat{p}_i$ 是节点 i 的更新表示，即新的个体特征。图 8-3 描述了个体 p_i 的消息传递。在 SGT 中，还存在额外的操作，包括层规范化、跳层连接、多头注意力机制等，为了表达的简洁，我们在公式中未列出这些操作。

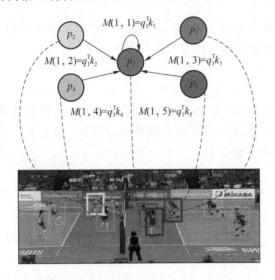

图 8-3　稀疏图中 p_i^t 的消息传递过程

图 8-3 彩图

（3）群体状态建模

在更新每个节点之后，SGT 生成更新的稀疏图，该稀疏图包含第 t 帧中各个个体状态。我们通过稀疏图中的节点状态特征生成群组状态特征 g_t。

$$g_t = P_{\max}(\mathrm{Norm}(f_\circ(\hat{p}_i),\cdots,f_\circ(\hat{p}_N))) \tag{8.3}$$

其中，$f_\circ$、Norm、$P_{\max}$ 分别是完全连接层、规范化层和最大池化层。

2. 因果时序 Transformer

给定 SGT 提取的空间状态特征，我们使用 CTT 对长期状态演化进行建模，如图 8-4 所示。CTT 中的转换可以表示为 $\hat{g}_1,\cdots,\hat{g}_T=\mathrm{CTT}(g_1,\cdots,g_T)$，其中 $\hat{g}_t$ 是处理之前的群组状态特征 g_t 相对应的生成状态特征。受生成语言建模中流行方法的启发，我们使用掩码 Transformer 实现了 CTT。我们首先将时间位置编码添加到组状态特征中，编码后的特征通过多个 CTT，每个 CTT 由掩膜的多头注意力、LayerNorm（Norm）和多层感知器（MLP）组成。然后将其输入另一个 Norm 以获

得最终编码器的输出。

与普通的 Transformer[108] 不同,CTT 在多头注意力中利用了因果掩码,这确保了模型只关注输入的特定部分。当生成状态特征 $\hat{g}_t$ 时,我们将掩码设置为只关注该时间步之前的信息,即 $g_1,\cdots,g_T$。有关实现的更多详细信息,请参阅文献[89]。

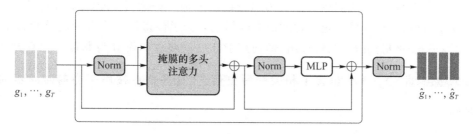

图 8-4　CTT 示意图

8.3.3　长短状态解码器

如上文所述,从多个范围的历史信息中可以提取更丰富的群体运动模式,因为简单的个体动作在最近的短距离历史中是相似的,并且复杂的群体行为通常在长时间段内重复。受这一结果的启发,我们设计了长短状态解码器,利用短期空间状态上下文和长期历史状态演化来预测未来的群体状态。

LSS 解码器由状态注意力单元和状态更新单元组成。前者通过建模长短期线索之间的依赖关系来关注最相关的历史动态,而后者在当前时间步中产生长短期信息,这些信息将用于下一个解码步骤。

1. 状态注意力

根据自注意机制,我们将状态注意力描述为从查询向量和一组键值向量对到输出的映射,输出的是值向量与相应键和查询向量的点积的加权和。具体地,查询向量对应于最后一个观测帧学习的短期空间上下文,即 SGT 的输出。键值向量对被视为字典,对应于由 CTT 建模的长期历史状态信息。

形式上,在 LSS 编码器中,SGT 在最后观察到的第 t 帧处产生空间状态上下文 $\hat{\boldsymbol{P}}_t=(\hat{p}_t^1,\cdots,\hat{p}_t^N)$,其中 $\hat{\boldsymbol{P}}_t\in\mathbb{R}^{N\times d}$,即具有 d 维特征的 N 个个体。CTT 生成截止到第 t 帧的状态演化 $\hat{\boldsymbol{G}}_t=(\hat{g}_1,\cdots,\hat{g}_t)$,其中 $\hat{\boldsymbol{G}}_t\in\mathbb{R}^{T\times d}$。LSS 解码器使用查询向量和键值对向量来计算注意力得分,然后将其作为注意力权重来组合相应的值向量。我们首先通过线性函数将查询、键和值向量转换到抽象空间中,以获得更丰富的表示。

$$Q = f_q(\hat{\pmb{P}}_t), \quad K = f_k(\hat{\pmb{G}}_t), \quad V = f_v(\hat{\pmb{G}}_t) \tag{8.4}$$

其中，$Q \in \mathbb{R}^{N \times d}$，$K, V \in \mathbb{R}^{T \times d}$。对于每个键向量，我们计算注意力得分，如下。

$$\alpha_i = \frac{\pmb{Q}\pmb{K}_i^T}{\sum\limits_{i=1}^{T} \pmb{Q}\pmb{K}_i^T} \tag{8.5}$$

根据文献[39]，我们通过注意力得分的总和而不是通过 softmax 函数来归一化注意力得分，这样可以避免梯度消失的问题。为了使得注意力得分的总和为 1，我们进一步限制 f_q、f_k、f_v 的输出，即使用 ReLU 时将它们设置为非负。注意力模型的输出，即 $\sum\limits_{i=1}^{T} \alpha_i \pmb{V}_i$，包含了相关的历史信息，这些信息被用于当前时间步的预测。

2. 状态更新

如图 8-2 所示，状态更新单元由一个 SGT 和一个 CTT 组成，它们与编码器中的 SGT 和 CTT 共享相同的架构。状态更新单元是为了使短期空间状态背景和长期历史状态演变保持最新状态。对于前者，我们结合两种信号，即对先前状态上下文的查询和状态注意力的输出，并将结果输入 SGT，以产生当前时间步 t_0 的状态上下文，这被视为短期线索 $\hat{\pmb{P}}_{t_0}$。这个过程被写成

$$\hat{\pmb{P}}_{t_0} = \text{SGT}\left(\pmb{Q} + \sum_{i=1}^{T} \alpha_i \pmb{V}_i\right) \tag{8.6}$$

其中，稀疏图与上节所定义相同，是在过程中计算的（为了简单起见，没有逐项列出）。对于后者，各个状态聚合以形成当前预测的群组状态 g_t，我们将其更新到历史群组状态动态中，即更新前一帧的 CTT 的输出序列。具体地，g_t 被插入序列的尾部，并且头部，即旧的组状态，被丢弃。CTT 再次对更新后的序列进行处理，以生成长期信息。状态演化更新的过程可以描述为

$$\hat{\pmb{G}}_{t_0} = \text{CTT}(\hat{\pmb{G}}_{t_0-1} \uplus \text{agg}(\hat{\pmb{P}}_{t_0})) \tag{8.7}$$

其中，我们将"$\uplus$"定义为更新操作，这样，短期信息和长期信息都被更新，实验证明该操作能够缓解预测中的滞后问题。

8.3.4 联合学习机制

由于群体行为涉及个体行为和群体交互中复杂的状态变化信息，因此鼓励预测的状态与实际的状态变化信息保持一致具有挑战性。与自监督学习中现有的措施不同，我们提出了一种联合学习措施，该措施涉及 3 个层面的保证，即个体层面的状态、群体层面的状态和序列层面的状态，分别对应于重建损失、对比损失和对

抗性损失。

1. 重建损失

考虑个体水平的状态通常是周期性的,因此可以鼓励预测的状态特征尽可能地接近真实的状态特征。此外,由于个体外观的高度相似性使得对比学习难以优化。因此,我们可以利用重建损失来减少相应个体特征对的欧几里得距离。真实帧中 SGT 的结果表示为 $\hat{\boldsymbol{P}}_{t_{\text{frame}}}$,用于鼓励时间帧 t 处的预测特征,$\hat{\boldsymbol{P}}_{t_{\text{pre}}}$ 与其类似,如下所示。

$$\mathcal{L}_{\text{recon}} = \frac{1}{T_{\text{dec}} \times N} \sum_{t=1}^{T_{\text{dec}}} \sum_{j=1}^{N} \| \hat{\boldsymbol{P}}_{t_{\text{frame}}}(j) - \hat{\boldsymbol{P}}_{t_{\text{pre}}}(j) \| \tag{8.8}$$

其中,N 是人数,$\hat{\boldsymbol{P}}_{t_{\text{frame}}}(j)$ 是编码器从同一时间帧 t 中提取的第 j 个个体的基本特征,$\hat{\boldsymbol{P}}_{t_{\text{pre}}}(j)$ 为预期特征。

2. 对比损失

群组交互状态对应的是高级语义信息,因此使预测模型预测精确的未来群体状态难度较大。对比学习可以允许模型不需要预测精确的内容,但需要可以区分一个实例和另一个实例。因此,它可以用来提高预测的群状态表示的可分辨性。我们将对比损失应用于预测的群状态特征和真实的特征。最小化目标函数为

$$\mathcal{L}_{\text{con}} = - \mathbb{E} \left[\sum_{i} \log \frac{e^{\phi(\hat{g}_i^{\text{T}} g_i)}}{e^{\phi(\hat{g}_i^{\text{T}} g_i)} + \sum_{(j \neq i)} e^{\phi(\hat{g}_i^{\text{T}} g_j)}} \right] \tag{8.9}$$

其中,i 是预测中的时间指数,$\phi(\cdot)$ 是相似性函数。我们在两个向量之间使用点积操作。目标函数本质上是多路分类器的交叉熵损失,优化的目标是为 $(\hat{g}_i, g_i)$ 分配最高值,即让预测的未来状态与从源自相同时间位置的真实帧中提取的状态之间具有更高的相似性。

3. 对抗性损失

如文献[3]所述,我们很难在更长的时间范围内预测类人类活动,而且由于误差积累,预测的信息往往很难保真,尤其是在群体关系预测中。受 GANs[181] 中对抗性训练机制的启发,我们引入了一致性鉴别器来检查序列级别上预测状态和真实状态之间的一致性,鼓励预测的演变更加趋向于实际演变。鉴别器 $\mathcal{D}$ 与 CTT 共享相同的架构,并输出输入序列是真实的概率。$\boldsymbol{G}_T$ 为真实样本,$\hat{\boldsymbol{G}}_T$ 为预测的群组时序动态,视为伪样本。预测状态是由模型 $\mathcal{G}$ 生成的,即由编码器和解码器生成,而真实状态是由编码器从相同时间位置的视频帧中提取的。然后,通过评估假样本愚弄 $\mathcal{D}$ 的程度来判断 $\mathcal{G}$ 的质量。形式上,我们如下解决极小极大优化问题:

$$\arg \min_{\mathcal{G}}\max_{\mathcal{D}}\mathcal{L}_{adv}(\mathcal{D},\mathcal{G})=\mathbb{E}_{\boldsymbol{G}_T}[\log \mathcal{D}(\boldsymbol{G}_T)]+\mathbb{E}_{\hat{\boldsymbol{G}}_T}[\log(1-\mathcal{D}(\hat{\boldsymbol{G}}_T))]\quad(8.10)$$

其中,分布$\mathbb{E}(\cdot)$是作用在训练序列上的期望值。我们将重建损失$\mathcal{L}_{recon}$、对比损失$\mathcal{L}_{con}$和对抗性损失$\mathcal{L}_{adv}$相加,并通过求解获得最优网络

$$\mathcal{L}=\arg \min_{\mathcal{G}}\max_{\mathcal{D}}\mathcal{L}_{adv}(\mathcal{D},\mathcal{G})+\mathcal{L}_{recon}(\mathcal{G})+\mathcal{L}_{con}(\mathcal{G})\quad(8.11)$$

$\mathcal{G}$试图使目标最小化,而$\mathcal{D}$的目标是使其最大化。

8.4 实验结果与分析

我们在 Volleyball、Collective Activity 和 VolleyTactic 数据库上进行了充分的实验,以评估所提出的方法。我们在 Volleyball 数据库上进行了消融实验,以验证 LSSPT 中不同模块的有效性,并与其他先进方法在所有数据库上进行了比较。下文中,我们将描述评估指标、数据库、实验细节、消融实验和与其他先进方法的比较结果。

为了评估学习表示的质量,我们遵循文献[236]中评估下游任务性能的标准。具体来说,我们选择群体行为识别任务,并使用两种评估方式。①线性(Linear)评估:冻结网络,只训练线性分类层;②微调(Finetune)评估:使用部分训练标签,通过监督学习对整个网络进行微调,换句话说,基础网络的自监督训练只提供初始化的模型。

8.4.1 数据库

Volleyball 数据库用于群体行为识别,由从 55 场排球比赛中收集的 4 830 个片段组成,其中包括 3 493 个训练片段和 1 337 个测试片段。每个样本属于 8 个群体行为标签中的一个。除了群体行为标签外,数据库还提供了真实的个体边界框及其动作。在我们的实验中,我们只使用文献[110]提供的目标检测结果来进行自监督训练。

Collective Activity 数据库包含 44 个短视频序列,共 5 个群体行为(穿越、等待、排队、走路和交谈)以及 6 个个体动作(无动作、正在穿越,正在等待,正在排队,正在走路和正在交谈)。与一个框架相对应的群体行为标签是由大多数人参与的活动定义的。我们使用 2/3 的视频片段用于训练,其余用于测试。

VolleyTactic 数据库[201]包含来自 12 个世界级排球比赛视频中的 4 960 个视频片段。比赛视频随机分为 8 个训练视频和 4 个测试视频,视频片段分为 3 340 个训练片段和 1 620 个测试片段。VolleyTactic 数据库总结了 6 种经典但具有挑战性的战术,与 Volleyball 数据库不同,该数据库不注释个体动作和地面实况边界

框,而是提供对运动员的检测。

8.4.2　实验细节

我们从具有初始权重的 I3D 模型开始,提取个体特征 $p_i \in \mathbb{R}^{1024}$。在所有数据库上,模型的输入帧 $T=20$,其中 30% 的帧用于未来预测。在自我监督的训练中,我们使用 Adam 优化器,设置初始学习率为 0.001,权重衰减系数为 0.000 1。在 LSS 编码器和 LSS 解码器中,我们均使用 4 头注意、2 层网络。

在监督学习中,我们以与 LSS 编码器相同的方式获取输入帧,并提取时空特征 $\hat{G}_T$,然后使用最大池化操作聚合上下文特征,获得群组行为的表征。我们只使用交叉熵损失(未利用单独的动作标签)来训练群体行为的分类器,并在最后一层设置丢弃指数为 0.9。在本实验中,除了视觉线索外,我们不考虑其他任何模态信息,只使用 RGB 帧或光流。在本次实验中,我们为 SSL 设置了 100 个训练周期,为分类任务设置了 50 个周期。对于微调评估,只使用 10% 的随机抽样的训练标签,并且对 5 个分类结果进行平均,并作为最终结果。硬件方面,本次实验使用了 2 个 GeForce RTX 3090 Ti GPU。

8.4.3　消融实验

在本节中,我们进行了大量实验,以验证 LSS 编码器、LSS 解码器和联合学习机制的有效性。

1. 编码器-解码器的变体

我们试图通过使用其他流行的编码和解码策略来理解每个模块的贡献,并为 LSSPT 创建基线。对于组状态编码,我们主要考虑以下策略。①个体特征。我们只使用骨干模型提取原始的个体特征,这些特征通过最大池化合并以形成群组状态特征。②基于个体特征的图卷积网络(GCN)。基于①,我们对原始个体特征应用 GCN 来捕捉目标关系,其中 GCN 遵循文献[106]的设置。

关于时序预测,即解码,我们主要对比了 LSTM 网络和 Transformer 变体。值得注意的是,除了预测之外,表 8-1 的 B1～B6 的解码器还起着时序聚合的作用,因此,我们在推理阶段也将解码器的输出作为学习的群体行为表示。在该实验中,只有 RGB 帧可用于通过 I3D 骨干模型提取个体特征,并且只使用对比损失来优化基线方法。在表 8-1 中,我们使用线性评估和微调评估两种方式展示了对比结果。可以从中看出,我们的模型优于所有的基线模型,表明 LSS 编码器和 LSS 解码器的组合可以更好地理解群体状态的演化规律。B1 是 DPC 的变体,使用 ConvGRU

来预测未来的视频特征。B2 比 B1 获得了更好的性能,这证明了利用个体的特征进行群体行为表征学习的必要性。与 B2 相比,B3 能够基于图卷积捕获人的交互,从而获得更高的精度。得益于多头注意力的能力,B4 中的 Transformer 在群状态预测方面表现出比 B3 的 LSTM 网络更好的性能。SGT 在捕捉不同的动作和交互状态方面表现出了优势,这可以从 B5 和 B4 之间的比较中得到验证。B6 比 B5 的性能更好,这表明了因果掩膜注意在状态预测中的有效性。B7 可以被视为所提出的模型的变体模型,但是由于没有融合长期信息,其性能比 B5 差。B8 利用了长期信息和短期信息,但未利用状态注意力单元,而只是将这两个矩阵相加,将它们转换为具有线性层的相同形式。该变体的识别结果优于其他基准方法,但低于我们提出的方法,这证明了在预测未来群体状态时,有必要使用注意力来融合长期历史演变和短期空间上下文。在 B9 中,当消除状态更新时,其结果比所提出方法的结果差,这表明使用及时的信息进行预测的必要性。

表 8-1　所提方法与基准方法的性能对比

方法	编码器	解码器	微调	线性
B1	Video Features	LSTM	68.5%	67.1%
B2	Person Features	LSTM	72.6%	71.3%
B3	GCN	LSTM	75.2%	73.4%
B4	GCN	Vanilla Transformer	76.8%	74.2%
B5	SGT	Vanilla Transformer	77.3%	75.5%
B6	SGT	CTT	78.7%	76.0%
B7	SGT	SGT	75.7%	74.3%
B8	LSS-encoder	LSS-decoder w/o SA	76.6%	74.8%
B9	LSS-encoder	LSS-decoder w/o SU	78.5%	75.9%
OURS	**LSS-encoder**	**LSS-decoder**	**79.9%**	**78.5%**

2. 参数 d

在 SGT 中,只有距离小于 d 的节点对可以通过无向边连接,以确保图的稀疏性。距离大于 d 的断开连接的节点不会相互传递消息。由于很难获取视频中个体之间的实际距离,因此我们直接使用图像坐标中的距离。根据实验结果,这种直观的做法被证明是有效的。在表 8-2 中,我们展示了所提出的方法在使用不同距离时的性能。在实验中,排球视频中的每个帧都被调整为 720×1 280,考虑比赛的侧视图,最大距离可以粗略地视为 Dist. =1 280。我们将 d 设置为 0、Dist. /4、Dist. /2、3×Dist. /4 和 Dist. ,其中 $d=0$ 时表示图没有边,$d=$ Dist 时表示完全连通图。可以观察到,当 $d=$ Dist. /2 时,其展示出了最佳性能,即 81.2%。对于稠密的关系建模,例如 $d=$ Dist. 和 $d=3\times$ Dist. $/4$,则会对表征学习产生负面影响,得到较差的结果。此外,关系不足也会导致不令人满意的空间状态上下文信息。例如当 $d=0$ 时,上下文信息退化为个体特征,与 $d=$ Dist. $/4$ 的精度相比,其精度降低了 1.8%。

表 8-2 稀疏图中不同距离阈值的性能对比

距离 d	0	Dist. $/4$	Dist. $/2$	$3\times$ Dist. $/4$	Dist.
微调	77.8%	79.6%	$\mathbf{81.2\%}$	80.9%	80.5%

3. 模型学习策略

表 8-3 中分析了损失函数对 Volleyball 数据库的影响,其中特征提取与表 8-1 中的特征提取相同。其结果验证了联合学习机制的优势。除了提出的 3 个损失外,我们还在组级状态上建立了一个重建损失,表示为 $\mathcal{L}_{g.\,recon}$,类似于用于评估对比学习有效性的方案(2)。当使用单一损失时,使用群体层面的对比损失的方案(1)比方案(2)和方案(3)获得了更高的准确性,证明了将对比学习应用于群体状态的重要性。在方案(4)中,与方案(2)相比,将对比损失和重建损失相结合后的精度显著提升。由此可见,对群体状态的对比学习对于提高群体行为表征的可辨别性至关重要。对于我们所提出的方案(5),当考虑对抗性损失时,在微调评估和线性评估方面比方案(4)的结果分别提高了 1.1% 和 0.6%。

表 8-3 不同学习策略的性能对比

方案	损失	微调	线性
(1)	$\mathcal{L}_{con}$	79.9%	78.5%
(2)	$\mathcal{L}_{recon}$	73.2%	74.6%
(3)	$\mathcal{L}_{g.\,recon}$	78.1%	77.0%
(4)	$\mathcal{L}_{con}+\mathcal{L}_{recon}$	80.1%	78.8%
(5)	$\mathcal{L}_{con}+\mathcal{L}_{recon}+\mathcal{L}_{adv}$	$\mathbf{81.2\%}$	$\mathbf{79.4\%}$

4. 可观测数据比率

表 8-4 展示了所提出的方法使用不同比例的观测帧在微调评估标准下的准确率。具体来说,我们通过降低观察的比率来构建几个预测设置。比率被设置为 90%、70%、50% 和 30%,对应于预测的比率 10%、30%、50% 和 70%。可以观察到,当观察的比率为 70% 时,可以获得最佳的整体性能,并且更长或更短的预测都不能帮助 LSSPT 学习更好的特征。一个可能的原因是,较长的未来预测中的误差会严重累积,从而对模型优化产生负面影响,而在较短的预测中,不充分的训练样本(例如正/负对)可能导致表征学习中的拟合不足。

表 8-4　所提出的方法使用不同比例观测的性能对比

观测-预测	90%-10%	70%-30%	50%-50%	30%-70%
微调	78.4%	**81.2%**	80.1%	72.3%

5. 可视化

图 8-5 显示了以不同训练数据量作为输入（RGB 模式）的 LSSPT 的性能。可以看到，LSSPT 训练的分类器的泛化能力明显优于从头开始训练的分类器（尤其是在训练数据小于 30% 的情况下），这证明了 LSSPT 在初始化方面的优越性。当输入 100% 的训练数据时，我们所提出的方法几乎达到了最高的精度。

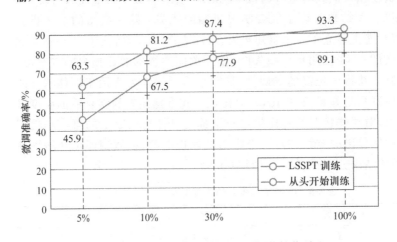

图 8-5　所提方法使用不同数据量训练的性能对比　　　　图 8-5 彩图

8.4.4　与其他先进方法的比较

在本节中，我们在 Volleyball、Collective Activity 以及 VolleyTactic 数据库上评估了 LSSPT 的群体行为识别性能，包括微调评估和线性评估标准。我们使用已发布的代码复现了先进的视频 SSRL 方法，包括 DPC、MemDPC、OPN 和 Video-Pace，仔细调整基准测试方法中的参数并选择最佳准确率。事实上，由于视频和群体行为有较大差别，这些方法没有直接可比性。我们尝试进行公平的比较并修改这些现有方法的设置。如消融实验中所分析的那样，使用个体特征比视频特征对模型性能的帮助更大，因此，我们在视频 SSRL 方法中将视频特征都替换成了个体特征。此外，我们还将最先进的群体行为识别方法与相同的有限标签在微调标准下进行了比较，如 Actor-Transformer[109] 和 Relation-Graph[106]。

表 8-5、表 8-6 和表 8-7 总结了 Volleyball、Collective Activity 和 VolleyTactic

数据库的比较结果。可以看出,在所有数据库中,我们提出的方法以较大的优势超过了所有现有的方法,例如,它比具有相同骨干的 VolleyTactic 数据库上次优的 MemDPC 的准确率高出约 5%,证明了所提出的方法在描述不同的群体状态及其转变和挖掘更有用的群体行为时空特征方面的有效性。

表 8-5　Volleyball 数据库上所提方法与其他先进方法的性能对比

方法	骨干网络	微调	线性
OPN[233]	VGG16	70.4%	68.6%
Video-Pace[229]	S3D-G	72.7%	69.8%
DPC[236]	ResNet(2+3D)	73.5%	71.3%
MemDPC[226]	ResNet(2+3D)	75.2%	73.8%
Actor-Transformer[109]	Inception-V3	67.8%	—
Relation-Graph[106]	Inception-V3	78.1%	—
Dynamic-Inference[199]	Inception-V3	71.7%	—
OURS	Inception-V3	80.9%	79.1%
OURS	I3D	81.2%	79.4%
OURS (+F)	I3D	**82.0%**	**80.7%**
Actor-Transformer †	Inception-V3	91.4%	—
Relation-Graph †	Inception-V3	92.3%	—
Dynamic-Inference †	Inception-V3	93.0%	—
OURS †	Inception-V3	93.1%	—
OURS †	I3D	93.3%	—
OURS (+F) †	I3D	**93.5%**	—

表 8-6　Collective Activity 数据库上所提方法与其他先进方法的性能对比

方法	骨干网络	微调	线性
OPN[233]	VGG16	67.6%	65.7%
Video-Pace[229]	S3D-G	68.8%	66.4%
DPC[236]	ResNet(2+3D)	69.3%	67.3%
MemDPC[226]	ResNet(2+3D)	70.8%	68.7%
Actor-Transformer[109]	Inception-V3	70.5%	—
Relation-Graph[106]	Inception-V3	74.5%	—
Dynamic-Inference[199]	Inception-V3	70.2%	—
OURS	Inception-V3	74.9%	72.1%
OURS	I3D	75.2%	73.2%

方法	骨干网络	微调	线性
OURS（+F）	I3D	**76.4%**	**74.9%**
Actor-Transformer[109] †	Inception-V3	92.5%	—
Relation-Graph †	Inception-V3	90.2%	—
Dynamic-Inference †	Inception-V3	**95.0%**	—
OURS †	Inception-V3	92.1%	—
OURS †	I3D	92.8%	—
OURS（+F） †	I3D	93.1%	—

表 8-7　VolleyTactic 数据库上所提方法与其他先进方法的性能对比

方法	骨干网络	微调	线性
OPN[233]	VGG16	64.8%	60.9%
Video-Pace[229]	S3D-G	66.3%	64.1%
DPC[236]	ResNet(2+3D)	70.5%	69.9%
MemDPC[226]	ResNet(2+3D)	74.7%	70.5%
Actor-Transformer[109]	Inception-V3	62.2%	—
Relation-Graph[106]	Inception-V3	64.1%	—
A-GCN+A-TCN[201]	Inception-V3	68.5%	—
OURS	Inception-V3	77.9%	76.6%
OURS	I3D	78.4%	76.8%
OURS（+F）	I3D	**79.8%**	**77.6%**
Actor-Transformer †	I3D	82.9%	—
Relation-Graph †	Inception-V3	81.0%	—
A-GCN+A-TCN †	Inception-V3	86.4%	—
OURS †	Inception-V3	88.1%	—
OURS †	I3D	88.2%	—
OURS（+F） †	I3D	**89.1%**	-

　　此外，我们还将 RGB 的后期融合与光流表示进行了比较，并在所有数据库上实现了最佳性能。由于复杂的群体变化信息，时序信号对群体行为表征学习更为重要，与基于前置任务的方法相比，基于预测编码的方法提供了更好的性能，例如，MemDPC 和 Video-Pace 在 Volleyball 数据库上分别实现了 75.2% 和 72.7% 的性能。对于 Collective Activity 数据库，与 Volleyball 和 VolleyTactic 数据库上的结果相比，我们提出的方法在有限标签的 SOTA 群体行为识别方法上有较小的提升，并且群体行为识别法上基本比其他 SSL 方法表现更好。一个可能的原因是 Collective Activity 数据库上的集体活动是周期性的，例如集体走路，即使使用有

限的标签,其模式也很容易建模。

Volleyball 数据库中的排球战术比其他群体行为包含更多细粒度,大多数群体行为识别方法由于训练不足而表现不佳。所提出的方法大大超过了其他方法,如 78.4% 对比 68.5%(由 AGCN＋ATCN 获得),这证明了其在标注信息不足的情况下捕捉战术中的长期动态的有效性。我们还与其他先进的群体行为识别方法进行了比较,其中使用完全监督学习来评估我们所提出的方法,即使用 100% 的训练标签。

在相同的标准(I3D 骨干和 RGB 模态)下,我们所提出的方法的性能超过了大多数方法,这表明本方法有能力探索更有意义的群体行为的时空关系特征。我们使用本方法绘制了混淆矩阵。如图 8-6 所示,在 Volleyball 数据库上,我们提出的方法对所有训练标签有限的群体行为都实现了不错的识别准确率(超过 80%)。可以看到,那些具有相似特征的个体,例如拉开和交叉战术(来自 VolleyTactic 数据库)以及等待和穿越行为(来自 Collective Activity 数据库),很容易混淆。

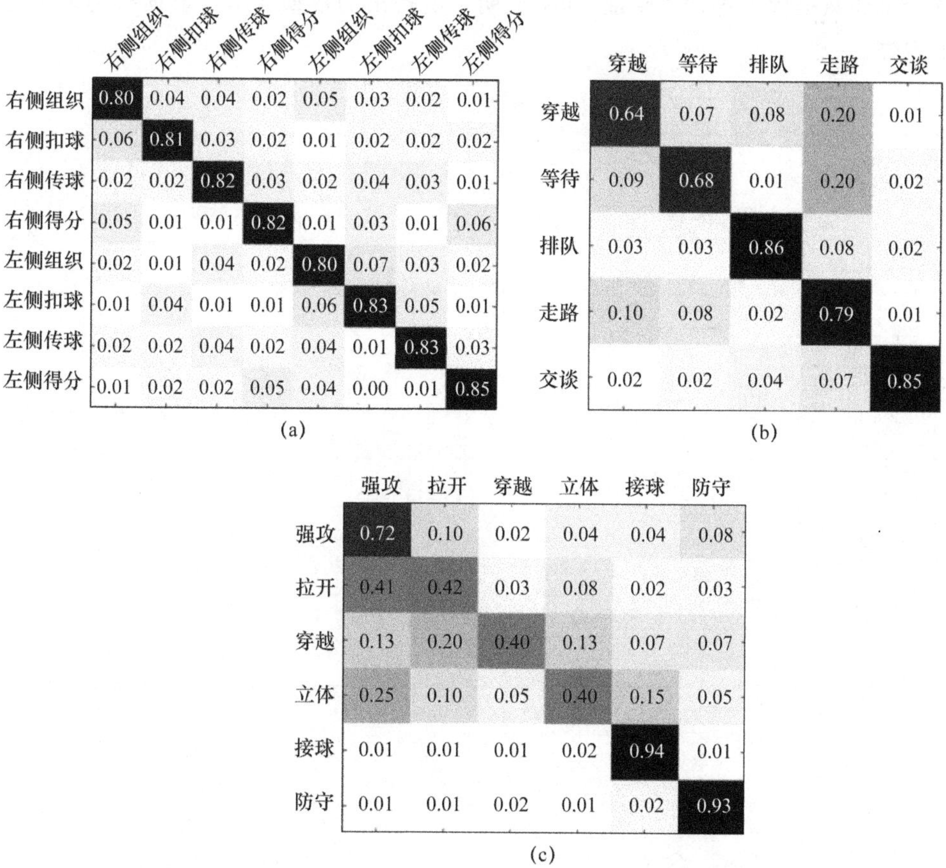

图 8-6 所提方法在 Volleyball、Collective Activity 和 VolleyTactic 数据库上识别的混淆矩阵

本 章 小 结

    本章提出了一种长短状态预测 Transformer 模型,即 LSSPT,通过自监督学习方式捕捉有意义的群体行为表征。我们首先设计了长短状态编码器,通过使用稀疏图 Transformer 和因果时序 Transformer 来捕捉观测数据中多样的时空群组状态。其次,提出了长短状态解码器,其利用短期状态上下文和长期历史状态演化来预测未来的组状态。通过利用丰富的历史动态模式,该解码器可以有效地估计自监督学习中的未来状态信息。再次,我们提出了一种联合学习机制,从而优化模型,提高预测特征的可分辨性以及一致性。通过更好地描述群体行为中个体及群组状态的转换,我们所提出的方法可以探索出更有意义的时空特征。最后,我们在多个群体数据库上进行了验证,结果证明了所提出的模型在学习群体行为表征的有效性。

第 9 章

基于上下文关系预测编码的
群体行为表征自学习方法

9.1 引 言

群体行为分析主要是指识别群体在场景中执行的活动,其应用领域包括监控分析、体育视频理解和军事战略分析等。现有的基于深度学习算法的群体行为识别技术取得了显著进展,但大多基于监督学习或弱监督学习,需要依赖大量手动标注的群体行为标签对模型进行训练,需要消耗大量的人力,成本高昂。

针对上述问题,现阶段的一些研究关注自监督学习,一般来说,现有的自监督学习方法可以分为两类,分别是基于预制任务的方法和基于时序的方法。前者通常被用于图像的自监督表征学习,后者主要用于视频等序列数据的自监督表征学习。这些自监督学习方法虽取得了一定效果,但仍未充分的利用视频中丰富的时序信息,无法适用于群体行为分析中。近 5 年来,随着对比学习的发展,基于对比学习的自监督表征学习方法应运而生,研究者通过设计正负样本对以自动学习视频特征表示。此外,利用对比学习进行未来帧预测的预测编码方案在视频理解中受到了越来越多的关注,其中代表性研究为密集预测编码[236]和记忆增强密集预测编码[226]。

然而,由于群体行为中存在复杂的上下文动态关联信息,将上述自监督学习及视频分析方法应用于群体行为表征学习中仍然存在一些困难。当前基于对比学习的视频自监督学习方法通常采用全局表征,例如,用 3D-CNN 提取的全局视频特征以构建表征对,由于建模个体交互关系的不足,将导致模型的性能受限。此外,群体行为中的个体交互随着时间的推移而改变,且持续时间较长。因此,现有的基于对比学习的视频自监督方法中,以相隔一定时间的时序帧构建表征对,该表征对的时空一致性在群体行为识别任务中缺乏充分的合理性,且只能捕获较少的共享信息[227]。而预测编码框架通过预测未来帧信息,将预测的未来信息与真实的未来信息作为表征对,最大化同一空间的对比表征对间的一致性,可以有效增强群体行为表征的能力。但目前预测编码框架描述复杂关系转换的能力仍不足,这会大大地影响对群体行为的理解。

目前,以 Transformer 为代表的基于注意力的方法被广泛应用于个体间交互关系建模中。一些研究[5,208,209]引入了 Transformer 以构建时空关系来表示个体行为或群体行为,从而提高群体行为识别模型的整体性能。此外,一些方法[263]证明了场景上下文信息在群体行为识别中的重要性,如场景中的目标位置和背景蕴含了群体行为的关键信息,以此提取的群体特征能够从全局的角度有效提高关系预测的语义一致性。因此,我们考虑同时建模个体关系和场景语义,以提高自监督群体行为识别的精度。

为了解决上述问题,本章提出了一种基于上下文关系预测编码的群体行为表征自学习模型。基于预测编码框架,该模型不仅考虑了细粒度的个体时空交互信息,还考虑了全局场景上下文信息,以获得更全面的群体行为表征。具体地,给定一段视频序列,串并行 Transformer 编码器融合了群体行为的空间交互和时间变化关系,以提取群体行为中复杂的高级语义上下文特征。其中,空间注意力模块用以提取当前帧中个体交互关系,而时间注意力模块用来提取在一段时间内同一个个体的变化。我们通过串并行时间注意力模块与空间注意力模块的方式,充分融合和提取空间上下文和时间上下文信息。然后,我们设计了一个混合上下文 Transformer 解码器,它从编码器中获取观察的语义线索,并以未来帧中的场景上下文信息为指导,渐进式地预测时空上下文信息。此外,为了提高预测群体行为表征的可辨别性和一致性,我们提出了包含 3 个损失函数的联合学习方法来进一步优化模型。其中,群体级和个体级的对比学习可以从帧级将预测的状态与观察的视频动态特征对齐。而对抗性学习可以从序列级来保证预测序列与真值的一致性。该模型能够有效感知群体行为中可靠的上下文变化,从而增强群体表征的学习能力。本章的主要创新点如下。

① 提出了一个端到端的上下文关系预测编码模型,以实现自监督的群体行为表征学习,模型以预测编码为框架,学习具有丰富上下文信息的群体关系演化。

② 设计了一个串并行 Transformer 编码器以建模语义模式和一个混合上下文 Transformer 解码器以渐进式地预测群体关系,既考虑了细粒度的时空交互,也考虑了全局的场景上下文,从而保证了动态的语义一致性。

③ 为了进一步提高预测表征的可辨别性和一致性,我们提出了联合损失,包括帧级的对比学习和序列级的对抗性学习。

④ 我们在 4 个公开数据库(Volleyball、Collective Activity、VolleyTactic 和

Choi's New 数据库)中,通过下游任务评估了提出的群体行为表征自学习模型,且被证明其达到了最优的性能。

9.2 基于上下文关系预测编码的群体行为表征自学习方法

9.2.1 概述

本章提出了基于上下文关系预测编码的群体行为表征自学习模型(Con-RPM),通过感知丰富的上下文,预测复杂的动态个体交互关系,以得到准确的群体行为表征。如图 9-1 所示,该模型由群体标记生成器(Group Tokens Generator,GTG)、串并行 Transformer 编码器(SPTrans-Encoder)、混合上下文 Transformer 解码器(HConTrans-Decoder)和联合损失 4 部分构成。

图 9-1 彩图

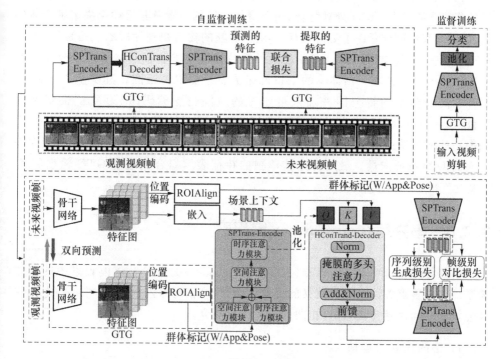

图 9-1 基于上下文关系预测编码的群体行为表征自学习模型

首先,输入视频剪辑,GTG 对均匀采样的视频帧序列进行处理以生成群体标记。具体地,它将视频分解为不同的个体,将其独立地投影到更高维的特征空间中以生成个体特征,并与姿态特征和位置编码融合以生成最终的群体标记。其次,SPTrans-Transformer Encoder 将群体标记作为输入以挖掘已知的群体动态。最后,由 HconTrans-Transformer Decoder 来预测群体行为表征。串并行 Transformer 编码器通过串行-并行时空注意力模块的方式运行,以提取和融合群体的空间交互和时序动态。经过池化层得到的编码器的输出输入解码器中以递归地预测未来的群体关系,其中,自注意力的计算利用了从未来采样的场景上下文信息。

训练中,将预测的表征和从真实未来帧中提取的编码输入相同的编码器中以生成潜特征。我们提出联合损失以确保帧级预测与序列级预测和提取特征的一致性。测试中,我们可以获取完整的视频,因此仅需通过编码器提取群体特征用于下游任务的测试,无需再通过解码器进行预测。下面将详细阐述我们所提出的Con-RPM。

9.2.2　群体标记生成器

群体标记生成器(GTG)是一个预处理模块,用于初始化个体表示,包含来自视频的丰富个体信息。除了外观特征,由于身体关节的位置及其运动也决定了个体的行为,因此我们同样考虑了姿态特征。给定 T 帧的输入视频片段 $\boldsymbol{X}_{video} \in \mathbb{R}^{T \times 3 \times H \times W}$(三通道,高为 H,宽为 W),GTG 利用外观特征和姿势特征建立了两个分支。首先以 Kinetics 数据库上预训练的 I3D 网络为骨干提取特征图。其次从 Mixed_4f 层抽取高分辨率的特征图并加入可学习的空间位置编码,记为 X_d。接着利用 ROIAlign 对齐以得到带有 N 个边框标记的个体外观特征。再将由 AlphaPose 模型得到的姿态特征拼接至个体外观特征中。它们通过全连接层被进一步连接为每个人的 D 维特征向量。最后将这些单独的特征表示组合成最终 GTG 输出的 $\boldsymbol{X}_G$ $\in \mathbb{R}^{T \times N \times D}$。

9.2.3　串并行 Transformer 编码器

串并行 Transformer 编码器(SPTrans-Encoder)的目的是建模观察中的群体关系。为了重点关注多视角语义的提取和融合,该编码器包含串行-并行的空间注意力块和时间注意力块,并以扭曲的方式进行融合。

1. 空间注意力模块

空间注意力模块作用在输入的由 GTG 生成的群体标记 $\boldsymbol{X}_G$ 上,以获取当前时间中参与者间依赖关系。对于每一帧 $t = \{1, 2, \cdots, T\}$,给定 N 个个体的输入 $\boldsymbol{X}_{G,t} = \{x_{\_g(1,t)}, x_{\_g(2,t)}, \cdots, x_{\_g(N,t)}\} \in \mathbb{R}^{N \times D}$,空间注意力模块计算空间上下文

$X_{G,t}^S = \{ x^S\_{g(1,t)}, x^S\_{g(2,t)}, \cdots, x^S\_{g(N,t)} \} \in \mathbb{R}^{N \times D}$。编码器基于 Transformer 结构，可缩放点积注意力用于提取参与者关系，可以描述为将查询 Q 和键值对 K、V 映射到空间个体兴趣的输出。键 K 的索引值对应于每帧中的其他参与者。计算查询 Q 和对应键 K 的点积相似度作为表示对其他个体的关注程度的权重。注意力操作（Spatial_Att）生成值 V 的加权和。

$$\text{Spatial\_Att}(Q,K,V) = \text{softmax}\left(\frac{QK^{\mathrm{T}}}{\sqrt{D_v}}\right)V \tag{9.1}$$

然后使用全连接层将第 t 帧的输入 $X_{G,t}$ 通过多头注意力投影到 Q、K、V 矩阵上。在标准的 Transformer 结构中，多头注意力通过一组注意力头从不同的子空间收集信息，表现出了卓越的性能。遵循该思路，$X_{G,t}$ 被转换为多个头，$i \in \{1, \cdots, C\}$。

$$Q_{(t,i)} = X_{G,t}W_{(q,i)}, Q_{(t,i)} \in \mathbb{R}^{N \times H} \tag{9.2}$$

$$K_{(t,i)} = X_{G,t}W_{(k,i)}, K_{(t,i)} \in \mathbb{R}^{N \times H} \tag{9.3}$$

$$V_{(t,i)} = X_{G,t}W_{(v,i)}, V_{(t,i)} \in \mathbb{R}^{N \times H} \tag{9.4}$$

其中，$W_{(q,i)}$、$W_{(k,i)}$、$W_{(v,i)}$ 是 $\mathbb{R}^{N \times D}$ 空间中可学习参数，$H = D/C$。来自不同注意力头空间的信息通过连接操作被整合到单个嵌入中。和 Transformer 结构类似，多头注意力输出之后是归一化（Norm）层和前馈网络（FFN）层，以生成第 t 帧的特征表示 $X_{G,t}^S$。该过程可用公式表示为

$$\text{head}_i = \text{Spatial\_Att}(Q_{(t,i)}, K_{(t,i)}, V_{(t,i)}) \tag{9.5}$$

$$\text{heads} = \text{Cat}(\text{head}_1, \text{head}_2, \cdots, \text{head}_C)W_{(t,c)} \tag{9.6}$$

$$\text{heads} = \text{Norm}(\text{heads}) \tag{9.7}$$

$$X_{G,t}^S = \text{FFN}(\text{heads}) \tag{9.8}$$

其中，$W_{(t,c)} \in \mathbb{R}^{H \times D}$ 是可学习的参数，FFN 由 3 个全连接层组成。全部 T 帧的特征可以表示为 $X_G^S \in \mathbb{R}^{T \times N \times D}$，是空间注意力模块的最终输出。

2. 时间注意力模块

空间注意力模块关注每一帧的个体相关性，而时间注意力模块提取帧序列中同一个体的动态。对于每个个体 $n \in \{1, 2, \cdots, N\}$，给定动作在历史帧中的特征，通过多头注意力产生序列相关性。与空间注意力模块类似，将 X_G 中的空间维度 N 视为批量大小，其中每个向量可以被看作个体的历史动态。在时间注意力模块中，使用加法、归一化和基于全连接的前馈网络处理多头注意力的输出，得到最终的时间变化表示 $X_G^T \in \mathbb{R}^{N \times T \times D}$。

3. 扭曲融合

现有的分离的时空 Transformer 能够分别捕获过去视频帧中同一个个体的时间注意力和同一时间帧中其他个体的空间注意力。然而，它仍然缺乏对跨帧的不

同个体之间的相关性的关注,这对复杂的群体行为映射到高级语义是至关重要的。为了解决这个问题,对于空间注意力模块和时间注意力模块,我们采用一种扭曲的方式进行融合,即在单个框架中分层交错空间注意力和时间注意力,从而充分提取融合空间信息和时间信息。空间注意力模块和时间注意力模块被多次应用,以融合丰富的个体高级上下文信息,有助于增强多层级的关系。具体来说,时间注意力模和空间注意力模块首先并行运行,分别投影空间上下文特征和时间动态。然后将特征转换为相同尺寸后相加,并以串行方式传递给其他空间注意力模块和时间注意力模块,以进一步集成高级语义。最后一个块的输出,也就是 SPTrans-Encoder 生成的 $\boldsymbol{X}_G^{S-T} \in \mathbb{R}^{T \times N \times D}$ 被池化,为解码器生成时空上下文线索。通过这种方式,编码器逐步更新特征,以捕捉跨时间帧的多个个体的动态依赖关系。实验表明,这种扭曲融合的架构可以有效地提取群体行为中复杂的个体时空交互关系。

9.2.4　混合上下文 Transformer 解码器

由于群体行为中隐含着多个个体的频繁变化,因此根据观察的动态交互直接预测特征是具有挑战性的。在群体行为视频中,包含目标位置和背景情况的全局场景上下文可以提高预测的语义一致性,因此混合上下文 Transformer 解码器 (HConTrans-Decoder)旨在有条件地演化动态依赖关系。HConTrans-Decoder 从编码器获取观察的语义线索,并在未来视频帧的场景上下文特征的指导下逐步预测空间和时间上下文信息。解码器同样基于 Transformer 结构的优势,其中关系语义和场景上下文线索通过自注意力机制相结合。

场景上下文是指从未来视图中提取的特征,与目标位置和背景情况有关。未来视频 T' 帧的场景特征提取自 I3D 模型的最后一个卷积层,记为 $\boldsymbol{X}_s \in \mathbb{R}^{T' \times C \times H \times W}$,其中 C、H、W 分别是通道数、高度和宽度。然后 $\boldsymbol{X}_s$ 被展平至 $\mathbb{R}^{T' \times C \times (H \cdot W)}$ 维度,输入至两个二维卷积,将通道 C 分别转换为 K 和 D。前者记为 $\boldsymbol{X}_s' \in \mathbb{R}^{T' \times K \times (H \cdot W)}$,通过 softmax 运算进行归一化,得到注意力矩阵 $\boldsymbol{A} \in \mathbb{R}^{T' \times K \times (H \cdot W)}$;后者记为 $\boldsymbol{X}_s'' \in \mathbb{R}^{T' \times D \times (H \cdot W)}$,计算与 $\boldsymbol{A}$ 的矩阵乘法,并输入平均池化(Avgpool)层以生成最终的场景上下文表征 $\boldsymbol{X}_{\text{Scene}} \in \mathbb{R}^{T' \times D}$。

从 SPTrans-Encoder 生成的 t 帧的池化关系语义特征 $\boldsymbol{X}_{G,t}^{'S-T} \in \mathbb{R}^{N \times D}$ 被视为查询 $\boldsymbol{Q}$,场景上下文特征 $\boldsymbol{X}_{\text{Sence}}$ 作为键值 $\boldsymbol{K}$、$\boldsymbol{V}$。在每个预测步骤中,关系语义线索通过计算 $\boldsymbol{Q}$ 和 $\boldsymbol{K}$ 的相似度并从 $\boldsymbol{K}$ 中捕获未来的相关场景内容。注意力操作(Con_Att)产生 $\boldsymbol{V}$ 的加权和的输出,并与 $\boldsymbol{Q}$ 相加以更新自注意力。Con_Att 能互补地学习个体交互和场景特征的底层时空语义表征。第 $(t+1)$ 帧的预测结果计算如下。

$$\text{Con\_Att}(\boldsymbol{Q},\boldsymbol{K},\boldsymbol{V}) = \text{softmax}\left(\frac{\boldsymbol{Q}\boldsymbol{K}^{\mathrm{T}}}{\sqrt{D_v}}\right)\boldsymbol{V} + \boldsymbol{Q} \tag{9.9}$$

$$Q_{(t)} = X_{G,t}^{'S-T} W_{(q)}, Q_{(t)} \in \mathbb{R}^{N \times D} \tag{9.10}$$

$$K_{(t)} = X_{\text{Scene}} W_{(k)}, K_{(t)} \in \mathbb{R}^{T' \times D} \tag{9.11}$$

$$V_{(t)} = X_{\text{Scene}} W_{(v)}, V_{(t)} \in \mathbb{R}^{T' \times D} \tag{9.12}$$

$$X_{(t+1)}^{p} = \text{Con\_Att}(Q_{(t)}, K_{(t)}, V_{(t)}) \tag{9.13}$$

其中,$W_{(t,q)}$、$W_{(t,k)}$、$W_{(t,v)}$ 是 $\mathbb{R}^{D \times D}$ 空间中可学习的参数,$X_{(t+1)}^{p}$ 是解码器的输出,与 Q 具有相同的形状。解码器还包含 Add-Norm 层和前馈网络(FFN)层,为简单起见,未逐项列出。我们的时序渐进预测模型将前 T 帧的嵌入视为类似滑动窗口输入。具体地,对于下一步的编码和解码,最新帧 t 的预测 $X_t^p \in \mathbb{R}^{N \times D}$ 输入 SPTrans-Encoder 生成序列的尾部,即 $X_G^{S-T} \in \mathbb{R}^{T \times N \times D}$。与此同时,头部最先前的群体状态被丢弃。

在群体行为中,由于时间动态变化是连续的,前向方向的关系变化应该与后向预测的一致,因此采用双向预测方案来提高预测编码的一致性。只需在编码器与解码器之前反转 T 帧的群体标记 X_G 即可。因此,场景上下文特征是从反转后的格式化未来信息中得到的。在前向和后向预测中,将根据提取特征和预测特征的一致性来计算损失。在损失优化之前,通过共享参数的编码器来进一步提取特征。实验初步证明这种机制是有效的。

9.2.5 联合损失

为了进一步提高模型的预测性能,本节引入联合损失作为模型的训练目标。联合损失函数包括 3 个部分:群体级对比损失以减少全局帧级别的预测状态与真实视频动态之间的差距;个体级对比损失在局部帧级别对齐个体交互;对抗损失以保证生成的预测视频在序列级别的一致性。

1. 群体级对比损失

一般来说,对比学习是构建正负样本对,即通过计算相似度来强制正样本对的分数高于负样本对。最小化目标函数表示为

$$\mathcal{L}_g = -\sum_t \log \frac{\exp(\hat{x}_t^{\mathrm{T}} \cdot x_t)}{\exp(\hat{x}_t^{\mathrm{T}} \cdot x_t) + \sum_j \exp(\hat{x}_t^{\mathrm{T}} \cdot x_j)} \tag{9.14}$$

其中,t 和 j 表示时间索引,$x_t \in \mathbb{R}^D$ 是由 X_t^p 池化得到的群体特征,即第 t 帧的解码输出,而 $\hat{x}_t$ 是相应的真实序列提取的特征。两个向量之间的相似度通过点积 $\hat{x}_t^{\mathrm{T}} \cdot x_t$ 计算。在本方法中,正样本对指的是相同时间的预测和真实的群体特征,而负样本对是来自不同的时间节点的预测和真实特征,即 $j \neq t$。实际上,对比学习可以被视为一种多路分类。优化器通过高相似度分数将正样本对拉近到一起,以促进模型预测精确的内容。

2. 个体级对比损失

群体间优化提高了每帧全局特征预测的真实性,但由于群体行为涉及空间和时间转换中复杂的个体关系,因此性能仍然受限。个体级对比损失强调个体上下文信息以进行细粒度预测,如下所示:

$$\mathcal{L}_p = -\sum_{t,k} \log \frac{\exp(\hat{\boldsymbol{X}}_{t,k}^{\mathrm{T}} \cdot \boldsymbol{X}_{t,k})}{\exp(\hat{\boldsymbol{X}}_{t,k}^{\mathrm{T}} \cdot \boldsymbol{X}_{t,k}) + \sum_{i,j} \exp(\hat{\boldsymbol{X}}_{t,k}^{\mathrm{T}} \cdot \boldsymbol{X}_{i,j})} \tag{9.15}$$

其中,$\boldsymbol{X}_{t,k}$ 表示 $\boldsymbol{X}_t^p$ 中的第 k 个个体。在此函数中,只有预测特征和真实特征是来自同一时间帧中空间位置对齐的个体的才被视为正样本对,否则为负样本对,即 $(t, k) \neq (i, j)$。个体级对比损失保证模型在局部级别细粒度地预测个体的依赖关系。

3. 对抗损失

预测连续的合理特征是具有挑战的,因为群体行为视频可能会随时间推移发生巨大的变化。除了在帧级别上保持视觉的准确性外,本方法引入了对抗损失来确保在全局序列级别上预测描述符的一致性。来自解码器的未来帧 T' 的预测的群体表征被视为假样本,表示为 $\boldsymbol{X}_T^p \in \mathbb{R}^{T' \times D} = \{\boldsymbol{X}_1'^p, \boldsymbol{X}_2'^p, \cdots, \boldsymbol{X}_T'^p\}$。而从 T' 帧中提取的真实序列描述符是以相同的方式进行池化的,表示为 $\hat{\boldsymbol{X}}_T$,被视为真实样本。基于这种真/假样本对,生成器 $\mathcal{G}$ 和判别器 $\mathcal{D}$ 的对抗过程促进模型生成与真实样本难以区分的序列,从而增强预测的一致性。该函数可以描述如下:

$$\arg \min_{\mathcal{G}} \max_{\mathcal{D}} \mathcal{L}_a(\mathcal{D}, \mathcal{G}) = \mathbb{E}_{\hat{X}_T} [\log \mathcal{D}(\hat{\boldsymbol{X}}_T)] +$$
$$\mathbb{E}_{\boldsymbol{x}_T^p} [\log(1 - \mathcal{D}(\{\mathcal{G}(\boldsymbol{X}_T^p)\}))] \tag{9.16}$$

其中,分布 $\mathbb{E}(\cdot)$ 在训练序列上。判别器 $\mathcal{D}$ 是一个标准的 Transformer,后接池化层和线性分类层,输出为真实样本的概率。

总目标函数为群体级对比损失和个体级对比损失以及对抗损失的求和,表示为

$$\mathcal{L} = \mathcal{L}_g(\mathcal{G}) + \mathcal{L}_p(\mathcal{G}) + \arg \min_{\mathcal{G}} \max_{\mathcal{D}} \mathcal{L}_a(\mathcal{D}, \mathcal{G}) \tag{9.17}$$

9.3　实验结果与分析

在本节中,我们将对提出的方法进行大量的实验评估,并在 4 个常用的公开数据库上进行验证。详细介绍 Volleyball[2]、Collective Activity[1]、VolleyTactic[201] 和 Choi's New[183] 4 个数据库,阐述实验的细节,包含评估协议与参数配置。本节通过对比分析将所提方法的性能与各个数据库上的当前先进方法进行了综合评

估。此外，在 Volleyball 数据库上做了一系列消融实验，旨在评估 Con-RPM 各模块的有效性。详细的实验细节与结果将在下文中呈现。

9.3.1　数据库

Volleyball 数据库由来自 55 场排球比赛的 4 830 个视频片段组成，这些视频片段被划分为两个子集：训练集包含 3 493 个实例；测试集包含 1 337 个实例。在个体层面上，动作类别被细分为 9 种标签，包括等待（waiting）、扣球（spiking）、拦网（blocking）、跳跃（jumping）等。在群体行为层面，视频片段被分为 8 个类别，反映了排球比赛中的典型团队动作，包含组织（Set）、扣球（Spike）、传球（Pass）和得分（Winpoint），分别对应场上每一侧队伍的动作。Volleyball 数据库提供了 40 帧序列中关键帧的注释，每个实例都附有标识个体运动员边界框的关键帧图像。

Collective Activity 数据库是群体行为识别领域广泛采用的数据库之一。它由来自 5 个群体行为类别的 44 段短视频片段组成，分别是穿越（Cross）、等待（Wait）、排队（Queue）、走路（Walk）以及交谈（Talk），并涉及 6 种个体动作的类别，包括无动作（NA）、穿越（Cross）、等待（Wait）、排队（Queue）、走路（Walk）以及交谈（Talk）。视频片段的群体行为标签是根据多数个体所参与活动确定的。此数据库还包括 8 种姿态方向标签、8 种成对互动标签以及视频片段中每个个体的轨迹。上述标注是每 10 帧进行一次手动标记的。

VolleyTactic 数据库包含来自 12 场世界级排球比赛视频的 4 960 个视频片段，这些视频来自 YouTube。比赛视频被随机分为两个部分，其中，8 个用于训练的视频，4 个用于测试的视频，合计产生 3 340 个训练片段和 1 620 个测试片段。该数据库专注于排球比赛中的精细战术动作，并将比赛标注为 3 种战术类别：接球（Receive）、进攻（Offense）和防守（Defense）。其中进攻是主要焦点，包含多种具体的攻击方式，如强攻（Smash）、拉开（Open）、转换（Switch）和立体（Space）。该数据库不提供个体动作与实际边界框的标注，仅使用运动员的检测结果进行标识。

Choi's New 数据库由密歇根大学发布，包括 32 段展现 6 种群体行为的视频片段，具体活动类别为：聚集（Gather）、交谈（Talk）、解散（Dismissal）、同行（Walking Together）、追击（Chase）以及排队（Queue）。数据库提供 9 个详尽的交互行为分类标签：靠近（Approach）、相向而行（Walk-in-Opposite-Direction）、面对面站立（Face-Each-Other）、一线排开（Stand-in-a-Row）、并肩行走（Walk-Side-by-Side）、依次前进（Walk-One-After-the-Other）、并肩奔跑（Run-Side-by-Side）、依次奔跑（Run-One-After-the-Other）以及非互动（No-Interaction）。此外，它还归纳 3 种基本动作类别标签：行进（Walk）、静止（Stand Still）和奔跑（Run），以及类似于先前数据库[35]的 8 种姿态方向标签。依据文献[64]的评价方案，该数据库被分割成 3 个

子集,以便进行三重交叉验证的训练与测试流程。

9.3.2 实验细节

由于无法直接评估自监督学习的表征学习能力,因此本章基于上述自监督学习获得的初始化网络模型,对下游任务进行基于监督学习的微调,并进行评估。我们以两种评估方式设计了群体行为识别任务:①训练线性分类器进行群体行为识别;②微调整个网络进行群体行为识别。在①中,固定基础网络,并添加一个线性分类层,其中只对线性层进行微调。在②中,使用与①相同的结构,并且网络中的所有参数都在有标注的训练样本的约束下进行微调。

在群体行为识别的监督学习中,输入的视频样本遵循与上述自监督学习模型相同的采样程序。此时,视频样本中全部帧可用于训练,无需考虑预测。如上述,群体行为识别以两种方式进行评估:在①中,训练集中的所有样本都输入网络以训练分类器;在②中,随机选择10%带有标签的样本,以微调网络中的所有参数。在这两种方式中,均用交叉熵损失训练分类器。在测试阶段遵循标准流程,从视频中获取与训练阶段相同长度的序列进行测试,进而在视频数据库上对群体活动进行分析。

1. 自监督训练配置

对于所用的两个数据库,所有的视频帧均被缩放至 $720 \times 1\,280$ 的分辨率,选择 $T=10$ 作为输入,其中约前 70% 的帧被用作观测数据。我们采用在 Kinetics 数据库上预训练的 I3D 网络和在 COCO 关键点数据库上预训练的 AlphaPose 网络来分别提取每个个体的外观特征和姿态特征。现有群体行为数据库规模较小,我们采用上述预训练模型来提取个体特征。在模型配置中,个体特征的维度被设定为256,编码器/解码器的层数设为1,注意力头数设为4。在优化器的选择上,我们采用了 Adam 算法[65],初始学习率设为 0.001,并在验证集上的损失值趋于稳定时降至 0.000 1。

2. 监督学习配置

自监督群体行为识别任务的输入帧采样方式与自监督学习中的模型训练一致。在这一阶段,视频样本中的全部帧均可用于训练,无需用于后续预测。如前所述,群体行为识别的评估分为两种模式。在第一种模式中,所有训练集样本输入网络中以训练线性分类器。而在第二种模式中,选择随机的标注样本的10%对网络的所有参数进行微调。这两种模式中,网络的最后一层均采用了 0.9 的 Dropout

比例,并采用交叉熵损失函数进行分类器训练。使用 Adam 优化器,其初始学习率设为 0.001,并在验证损失稳定时调整至 0.0001。在测试过程中,我们使用与训练过程相同长度的视频序列进行评估。

9.3.3　与其他先进方法的比较

为了证明模型在建模和预测群体行为方面的有效性,本研究在 4 个数据库中与其他方法进行了对比实验,包括线性评估和微调评估两种模式。对比方法包括视频自监督学习方法和群体行为识别方法。视频自监督学习方法包括 SpeedNet[245]、VideoPace[229]、VideoMAE[264]、DPC[236] 和 MemDPC[226]。SpeedNet 设计了一个二元分类预训练任务,用于检测视频是以正常速度播放还是加速播放的。VideoPace 提出了一种有效的任务,即速度预测,用于识别输入视频剪辑对应的速度。受 ImageMAE[218] 的启发,VideoMAE 提出视频掩膜重构方法。Dense Predictive Coding (DPC) 和 Memory-augmented Dense Predictive Coding (MemDPC) 框架根据过去的信息,循环地预测未来时空嵌入表示。群体行为识别方法包括基于 Transformer 的方法 ATrans[109],基于 GCN 的方法 ARG[106] 和 AGTCN[201]。这些方法与本章的 Con-RPM 进行了对比实验,以评估其在有限标签情况下的表征自学习性能。此外,我们还进行全监督的实验,以进一步探索有监督识别方法和我们提出的方法的监督学习识别性能。

为确保对比实验的有效性与公正性,我们考虑了各对比算法的各项参数调优技术。所有模型均经过精确调参,以确保其在评估中达到最优性能。在测试视频自监督学习方法时,为了适应群体行为分析任务,我们考虑了视频的个体特征表示,消融实验中也采用了同样的设置。视频自监督学习方法在自监督预训练之后,分类器会进行线性和微调两种模式的优化。而全监督识别方法在训练中使用 10% 的标签。

1. Volleyball 数据库

在 Volleyball 数据库上的比较结果如表 9-1 所示。经评估,无论是采用 Inception-V3 架构还是 I3D 架构作为特征提取网络,Con-RPM 在性能上均显著优于现有的视频自监督学习方法和群体行为识别方法。基于我们提出的 Con-RPM 和 I3D 骨干网络,在微调模式中,我们提出的方法获得了最高的分类准确率,达到 81.5%,比最佳视频自监督学习方法和群体行为识别方法高出 4.4%。这证明我们提出的方法可以通过预测复杂的动态交互来自动挖掘群体行为特征。在有限训练样本标签的条件下,群体行为识别方法由于初始化参数的限制,呈现出较弱的性能。DPC 和 MemDPC 方法比其他视频自监督学习方法更好,这证明了预测编码在群体行为分析中的有效性。VideoMAE 性能较好,表明 Transformer 模型在建模关系中具有优势。我们提出的 Con-RPM 可以大幅提升识别性能,表明本框架能够在场景上下文的引导下,同时精准建模和预测群体行为的空间交互关系和时间变化。此外,我们比较了从 AlphaPose 提取的姿态特征与 RGB 图像的融合效果,以及进一步融合光流特征的效果。结果表明,Con-RPM 融合了多模态信息,包括姿态特征和光流特征,能够展现出最优性能。最后,我们对比了有完整标签的群体行为识别方法,其中 Con-RPM 的结果最优,这证明了我们提出的方法在群体相关分析中具有良好的泛化能力。

表 9-1　在 Volleyball 数据库上与其他先进方法的比较

(† 表示全监督学习, ∗ 表示附加光流输入)

方法	骨干网络	Pose	FT	Linear
SpeedNet[245]	I3D	×	64.4%	61.1%
VideoPace[229]	I3D	×	72.2%	68.8%
VideoMAE[264]	I3D	×	77.1%	69.6%
DPC[236]	I3D	×	73.5%	71.3%
MemDPC[226]	I3D	×	75.2%	73.8%
ATrans[109]	Inception-V3	×	67.8%	—
ARG[106]	Inception-V3	×	78.1%	—
OURS	Inception-V3	×	80.1%	78.3%
OURS	Inception-V3	√	80.7%	78.5%
OURS	I3D	√	80.9%	78.9%
OURS∗	I3D	√	81.5%	79.1%
ATrans†[109]	Inception-V3	×	91.4%	—
ARG†[106]	Inception-V3	×	92.3%	—
OURS†	Inception-V3	×	92.8%	—

2. Collective Activity 数据库

在该数据库上的比较结果如表 9-2 所示。Con-RPM 的准确率达到了 75.4%,比 VideoMAE 提高了 3.2%,比 ARG 提高了 0.9%。由于该场景中群体行为交互简单,相比于其他方法,群体行为识别方法获得了较好的结果。同样,附加的姿态特征和光流特征可以增加自监督学习能力。在有完整标签的情况下,我们提出的方法实现了 92.6% 的最佳性能。

表 9-2 在 Collective Activity 数据库上与其他先进方法的比较
(† 表示完全监督学习，∗ 表示附加光流输入)

方法	骨干网络	Pose	FT	Linear
SpeedNet[245]	I3D	×	64.1%	63.1%
VideoPace[229]	I3D	×	68.7%	66.4%
VideoMAE[264]	I3D	×	72.2%	69.6%
DPC[236]	I3D	×	69.3%	67.3%
MemDPC[226]	I3D	×	70.8%	68.7%
ATrans[109]	Inception-V3	×	70.5%	—
ARG[106]	Inception-V3	×	74.5%	—
OURS	Inception-V3	×	74.6%	71.0%
OURS	Inception-V3	√	74.8%	71.3%
OURS	I3D	√	75.1%	71.9%
OURS∗	I3D	√	75.4%	72.2%
ATrans†[109]	Inception-V3	×	92.5%	—
ARG†[106]	Inception-V3	×	90.2%	—
OURS†	Inception-V3	×	92.6%	—

3. VolleyTactic 数据库

表 9-3 展示了 Con-RPM 和其他方法在 VolleyTactic 数据库上的比较结果。该数据库包含排球比赛的视频，由于专业细致的战术，其更具挑战性。与在 Volleyball 数据库上的结果相比，VolleyTactic 数据库上的性能相对较差，特别是对于已有的群体行为识别方法。即便如此，Con-RPM 仍以 78.7% 的准确率优于其他算法。在使用完整数据标签进行评估时，基于 Con-RPM，群体行为识别的准确率达到了 86.9%，证明了本方法在识别长期群体动态行为策略方面的有效性。

表 9-3 在 VolleyTactic 数据库上与其他先进方法的比较
(† 表示完全监督学习，∗ 表示附加光流输入)

方法	骨干网络	Pose	FT	Linear
SpeedNet[245]	I3D	×	63.4%	61.1%
VideoPace[229]	I3D	×	66.3%	64.1%
VideoMAE[264]	I3D	×	74.8%	72.6%
DPC[236]	I3D	×	70.5%	69.9%
MemDPC[226]	I3D	×	74.7%	70.5%
ATrans[109]	Inception-V3	×	62.2%	—
ARG[106]	Inception-V3	×	64.1%	—
AGTCN[201]	Inception-V3	×	68.5%	—
OURS	Inception-V3	×	75.9%	74.8%
OURS	Inception-V3	√	76.3%	75.1%
OURS	I3D	√	78.4%	75.2%
OURS∗	I3D	√	78.7%	75.8%

方法	骨干网络	Pose	FT	Linear
AGTCN†[201]	Inception-V3	×	86.4%	—
ARG†[106]	Inception-V3	×	81.0%	—
ATrans†[109]	Inception-V3	×	82.9%	—
OURS†	Inception-V3	×	86.9%	—

4. Choi's New 数据库

在该数据库上的比较结果如表 9-4 所示。与 Collective 数据库类似,该数据库收集了日常生活中的视频序列,但仅涉及了一些变化剧烈的活动,如追逐。Con-RPM 以 76.1% 的准确率优于已有的视频自监督学习方法,验证了我们提出的模型在理解日常事件方面的优越性。但结合光流模态的 Con-RPM 表现略差,这可能是由该数据库场景的一致性导致的,而仅使用姿态特征和 RGB 图像的准确率最好。另外,在有完整标签的情况下,Con-RPM 也取得了较优的微调结果。与具有相同 VGG16 骨干网络的 stagNet 相比,我们提出的方法更优,准确率为 91.1%,在用 I3D 骨干网络时则取得了 91.9% 的最佳结果。

表 9-4　在 Choi's New 数据库上与其他先进方法的比较

(† 表示全监督学习, * 表示附加光流输入)

方法	骨干网络	Pose	FT	Linear
SpeedNet[245]	I3D	×	65.4%	64.1%
VideoPace[229]	I3D	×	69.7%	67.8%
VideoMAE[264]	I3D	×	73.4%	70.6%
DPC[236]	I3D	×	69.8%	67.7%
MemDPC[226]	I3D	×	71.3%	69.6%
OURS	I3D	×	75.5%	73.4%
OURS	I3D	√	76.1%	74.5%
OURS*	I3D	√	75.7%	74.0%
stagNet†[102]	VGG-16	×	89.2%	—
OURS†	VGG-16	×	91.1%	—
OURS†	I3D	×	91.9%	—

9.3.4　消融实验

本节在 Volleyball 数据库上进行了消融实验,以验证我们提出的模型中每个模块的作用,包括串并行 Transformer 编码器、混合上下文 Transformer 解码器和联合损失。

1. 关系建模和预测的验证

为了评估我们提出的模型提取的上下文时空信息的有效性,我们对不同的编码和解码方法(B1～B8)进行了有效性验证。详细设置如下所示。

B1:通过编码器提取视频特征,并将 LSTM 网络作为解码器。通过 I3D 骨干模型从视频片段中只提取视频特征。LSTM 网络适合捕获长系列群体行为的时间演变,这也参考了 DPC 所采用的视频表示学习方法。

B2:通过编码器捕捉人物特征,同样将 LSTM 网络作为解码器。编码器使用 ROIAlign 从视频中提取原始的多人特征,然后经过最大池化层生成群体特征。为了比较不同编码器的有效性,在前 3 组实验中将 LSTM 网络固定为解码器。

B3:图卷积网络(GCN)和 LSTM 网络分别作为编码器和解码器。通过 GCN 建立了群体行为中个体间的外观和位置关系。

B4:GCN 作为编码器,以建模个体之间的多样交互关系。鉴于 GCN 在关系建模中的显著表现,解码器同样采用 GCN,以预测未来状态。

B5:编码器和解码器均采用标准 Transformer 模型。在标准 Transformer 中引入了注意力机制,在建模个体间依赖关系中具有显著优势。

B6:采用并行时空 Transformer 编码器替换标准 Transformer 编码器,并采用标准 Transformer 解码器。

B7:采用串联时空 Transformer 编码器和标准 Transformer 解码器。

B8:采用串并行 Transformer 编码器与标准 Transformer 解码器。

在自监督训练中,通过 I3D 骨干网络从 RGB 帧中提取人物特征,然后送入编码器中。在消融实验中,仅采用群体级对比损失以保持预测性能。在监督学习中,B1～B3 组实验将编码器和解码器模块作为一个整体,以提取空间和时间的群体行为表征。所有实验均在线性和微调两种模式下测试。不同变体获得的群体行为识别准确率如表 9-5。在微调模式中,对比 B1 和 B2 的结果,可以看出提取多人特征对于群体行为分析性能的提升是必要的。B3 进一步提高了 2.4% 的准确率,说明 GCN 对多个个体间关系建模的有效性。与 B3 相比,B4 呈现出更优的性能,表明 GCN 比 LSTM 网络能更好地预测时序特征。由于 GCN 和 Transformer 都具有建模关系的优势,我们设计了 B4 和 B5 的对比实验。结果显示,Transformer 优于 GCN,这也启发我们采用基于 Transformer 的预测框架。与 B5 相比,基于 B6 和 B7 的准确率分别增加了 0.4% 和 0.7%。这些结果表明,无论是仅以并行方式还是串行方式堆叠编码器,在群体关系的空间相互作用与时间变化建模都具有重要的作用,其中串行方式可以取得更好的结果。在 B8 中,将串行和并行模块串联起来,以进一步提高复杂交互的融合能力,与 B5 相比,其增加了 1.4%。Con-RPM 将串并行 Transformer 编码器与混合上下文 Transformer 解码器集成起来,获得了 78.1% 的识别准确率。此外,本框架引入了双向预测方案以提高预测一致性,取得了 78.3% 的识别准确率,为最佳结果。这些结果表明,解码器在预测时空特征时,给定场景上下文信息具有重要的意义。

表 9-5 在 Volleyball 数据库上我们提出的方法与不同基准方法比较结果
(† 表示不带双向预测)

方法	编码器	解码器	FT	Linear
B1	I3D	LSTM	68.5%	67.1%
B2	I3D+ROIAlign	LSTM	72.6%	71.3%
B3	GCN	LSTM	75.0%	73.4%
B4	GCN	GCN	75.3%	74.1%
B5	Vanilla Trans.	Vanilla Trans.	75.5%	74.4%
B6	Parallel ST Trans.	Vanilla Trans.	75.9%	74.8%
B7	Serial ST Trans.	Vanilla Trans.	76.2 %	75.7%
B8	SPTrans-Encoder	Vanilla Trans.	76.9%	75.8%
OURS†	SPTrans-Encoder	HConTrans-Decoder	78.1%	76.4%
OURS	SPTrans-Encoder	HConTrans-Decoder	78.3%	77.1%

2. 损失函数的验证

为了研究不同损失函数的有效性,我们在 Volleyball 数据库上进行了实验,实验结果如表 9-6 所示。$\mathcal{L}_g$ 和 $\mathcal{L}_p$ 的比较表明,在将群体行为中的预测状态与真实状态对齐方面,群体级对比损失比个体级对比损失具有更显著的效果,它确保了每帧的全局判别性。此外,同时应用基于群体和个体的对比损失函数可以获得更优的结果。我们提出的两级对比损失结合对抗损失的学习方法在微调评估和线性评估中分别达到了 80.3% 和 78.6% 的最佳准确率,这表明了引入对抗损失以提高预测序列的一致性在群体行为分析中是有效的。

此外,我们设计了不同的权重参数来评估基于群体的对比损失、基于个体的对比损失和对抗损失的重要性。参数为 (2,1)、(1,2) 和 (1,1) 的结果几乎相同,而参数为 (1,1) 的模型表现稍好。当使用 3 个损失函数时,权重参数为 (1,1,1) 可以增加 0.3% 和 0.4% 的准确率,比权重参数为 (1,1,2) 的结果更优。

表 9-6 使用不同损失函数(包括 $\mathcal{L}_g$、$\mathcal{L}_p$ 和 $\mathcal{L}_a$)的比较

权衡参数	损失函数	FT	Linear
—	$\mathcal{L}_g$	78.3%	77.1%
—	$\mathcal{L}_p$	72.9%	71.8%
(2,1)	$2\mathcal{L}_g+\mathcal{L}_p$	78.5%	76.0%
(1,2)	$\mathcal{L}_g+2\mathcal{L}_p$	78.2%	75.8%
(1,1)	$\mathcal{L}_g+\mathcal{L}_p$	78.5%	76.1%
(1,1,2)	$\mathcal{L}_g+\mathcal{L}_p+2\mathcal{L}_a$	80.0%	78.2%
(1,1,1)	$\mathcal{L}_g+\mathcal{L}_p+\mathcal{L}_a$	80.3%	78.6%

3. 预测长度和训练轮数的验证

Con-RPM 是我们受到预测编码框架的启发而提出的,因此有必要探索不同预测长度时的效果。在本组实验中,我们构建了 4 种不同的视频观察-未来比例的预测比例方案,包括(90%-10%)、(70%-30%)、(50%-50%)和(30%-70%)。微调模式下的评估结果如表 9-7 所示,其中(70%-30%)的比例取得了最佳性能,而其他配置抑制了 Con-RPM 在表征自学习方面的表现。

表 9-7　不同预测长度(观察比例)的比较

观察比例	90%	70%	50%	30%
FT	76.4%	80.3%	80.2%	72.8%

此外,我们通过可视化学习到的群体行为表征的 t-SNE 聚类来研究 Con-RPM 在不同训练阶段的性能。如图 9-2 所示,随着训练轮数的增加,类内距离减小,而类间距离增加。

图 9-2 彩图

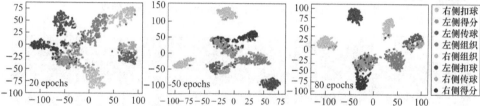

图 9-2　不同训练阶段的群体行为表征 t-SNE 图

4. 可视化

图 9-3 显示了 SPTrans-Encoder 中学习的注意力的可视化结果,其中关系权重矩阵来自最后一个时间注意力层。第 i 列和第 j 行的元素 $e(i,j)$ 表示第 i 个个体与第 j 个个体之间的交互强度。可以观察到,SPTrans-Encoder 能够建模群体行为中的复杂关系,并定位关键参与者,证明了我们提出的自监督学习框架的优越性。例如,在左侧扣球中,通过我们提出的模型,第 4 名球员被吸引了更多的注意力,而其周围的上下文信息得到了全面且突出的显示。

图 9-3 彩图

此外,图 9-4 显示了所提出的模型在 Collective、Choi's New、Volleyball 和 VolleyTactic 数据库上的识别结果。除成功的案例外,我们的自监督学习模型无法足够准确地区分具有类似特征的混淆群体行为。例如,在拉开战术中,组织者将球传给前排的扣球手,而这种现象也出现在强攻战术中。我们的模型错误地将强攻识别为

图 9-4 彩图

拉开,没有注意到强攻中的额外欺骗性扣球动作。

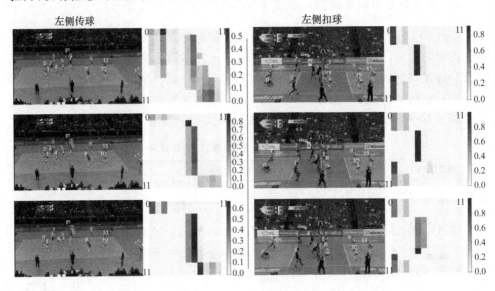

图 9-3　SPTrans-Encoder 中学习的注意力的可视化结果

图 9-4　所提出的模型在 Collective、Choi's New、
Volleyball 和 VolleyTactic 数据库上的识别结果

本 章 小 结

本章提出了一种用于群体行为表征自学习的端到端上下文关系预测编码模型(Con-RPM),以解决群体行为分析中的两个主要问题,即严重依赖带注释的标签和复杂上下文动态的建模。具体来说,Con-RPM 采用基于 Transformer 的编码器和解码器架构,其中 SPTrans-Encoder 可以对高级关系上下文进行建模,HConTrans-Decoder 可以用来预测场景上下文感知群体关系,而联合损失是为了保证预测的可区分性和一致性。凭借强大的自学习框架,Con-RPM 能够全面建模个体交互上下文和场景语义上下文的时间演化,从而生成有效的群体特征。我们在广泛使用的群体行为数据库上进行了大量实验,结果证明了我们提出的方法在自监督群体行为表征学习中的优越性。

尽管提出的群体行为表征学习的自监督模型在下游任务上实现了最优性能,但它也存在一些局限性。其群体行为自监督学习的表现仍然落后于基于监督特征学习的方法。在群体行为自监督学习中,对个体动作细节的学习是未来可能的一个研究方向。此外,该自监督框架中需要预训练的骨干模型,而建立一个完全端到端的自监督模型,不需要任何手动注释的辅助是未来另一个努力的方向。

第 10 章
总结与展望

　　本书瞄准新形势下的智能安防、智慧体育、智能军事等国家重大需求,全面介绍了作者所研究的基于多层次理解的视频分析技术,包括单目标/多目标跟踪、群体行为识别方法以及群体行为表征自学习方法。研究内容从单个视频目标分析跨度到群体视频目标分析,从低层次的视频特征表达延伸到高层次的语义特征表达,从监督表征学习提升到自监督/无监督表征学习,从可控的封闭场景跨越到开放的行业场景,解决了表观相似的目标关联、复杂语义的关系建模、观测数据受限条件下群体行为特征的重构等诸多科学难题。本书涉及的相关算法将有助于泛化的视频表征模型研究,有助于开辟复杂语义建模与多模态数据建模结合的新思路,并有望打造智慧体育、智能军事等场景的典型应用。

　　针对单目标跟踪与行为识别的整合问题,本书收集了一个可以支撑体育场景下运动员跟踪与行为识别的数据库,提出了运动员协同跟踪和行为识别一体化框架,结合尺度遮挡鲁棒的跟踪方法和多尺度金字塔卷积神经网络来建模目标表征。针对多相似目标关联问题,提出了基于长时间动作线索的多运动员跟踪方法,通过建立具有判别性的运动员的长时间动作信息来提供关联线索。针对群体行为中的复杂语义的自适应建模问题,提出了一种层级注意力机制和上下文建模框架,同时关注了关键个体和关键交互两种语义信息,提取出具有注意力的个体特征和上下文特征。同时,提出了面向复杂语义自适应目标关系建模的群体战术识别方法,通过建立自适应的图卷积神经网络和注意力时序卷积网络,所提方法可以更好地捕捉关键的目标在战术进攻中的配合信息。另外,提出了一种新的多尺度交叉距离 Transformer 模型,解决了群体行为识别中的两个主要问题,即多样关系建模和多尺度表示构建,并实现跨尺度的语义一致性,可学习出更有意义和判别性的多尺度群体行为表示。以上方法都被证明了在群体行为识别上是有效的。针对观测数据受限条件下群体行为特征的重构问题,本书提出了一种长短状态预测 Transformer 模型,通过自监督学习方式捕捉有意义的群体行为表征,利用短期状态上下文和长期历史状态演化来预测未来的群组状态,并配合一种联合学习机制来优化模型,从而探索出更有意义的群体时空特征。同时,提出了一种用于自监督表征学习的端到端上下文关系预测编码模型,通过引入高级关系上下文进行建模,该模型可以精确预测场景上下文感知群体关系,全面建模个体交互上下文和场景语义上下文的时间演化,从而生成有效的群体特征。

本书虽然研究了多层次的视频分析技术与应用,但是解决的科学问题仍然有限。在本领域中,未来还有更多、更有意义的研究工作,这里仅做一些简单的展望。首先,现有大部分群体行为分析方法着眼于建模目标关系,然而,在不少群体行为中,除目标关系之外还有其他特性未利用。例如在游戏对抗场景中,智能体还跟许多类型的建筑单元交互,有些类型的智能体有特定的属性、进攻方式等。在此类群体行为分析中,如何利用这些场景相关的线索十分重要。其次,大部分现有的群体行为分析方法仍然侧重于分类问题,还未发挥推理、决策、博弈等能力。如何根据群体行为的分析结果辅助决策,如辅助策略规划,是未来的研究方向,且在对抗场景中具有极大价值。最后,随着 ChatGPT 在自然语言领域的成功应用,如何在群体行为分析中利用多模态信息,尤其是融合文本描述,进一步提升群体分析的智能性,将是未来的热点。

最后,感谢广大读者对本书的关注。

参考文献

[1] CHOI W, SHAHID K, SAVARESE S. What are they doing? Collective activity classification using spatio-temporal relationship among people[C]// IEEE International Conference on Computer Vision Workshop. IEEE,2009: 1282-1289.

[2] IBRAHIM M S, MURALIDHARAN S, DENG Z, et al. A Hierarchical Deep Temporal Model for Group Activity Recognition[C]//IEEE Conference on Computer Vision and Pattern Recognition, 2016: 1971-1980.

[3] KONG L, HUANG D, WANG Y. Long-Term Action Dependence-Based Hierarchical Deep Association for Multi-Athlete Tracking in Sports Videos [J]. IEEE Transactions on Image Processing, 2020, 29: 7957-7969.

[4] WANG M, NI B, YANG X. Recurrent Modeling of Interaction Context for Collective Activity Recognition[C]//IEEE Conference on Computer Vision and Pattern Recognition, 2017: 7408-7416.

[5] LI S, CAO Q, LIU L, et al. GroupFormer: Group Activity Recognition with Clustered Spatial-Temporal Transformer[C]//IEEE International Conference on Computer Vision. 2021.

[6] HOCHREITER S, SCHMIDHUBER J. Long short-term memory[J]. Neural Computation, 1997, 9(8): 1735-1780.

[7] KIPF T N, WELLING M. Semi-Supervised Classification with Graph Convolutional Networks[C]//International Conference on Learning Representations. 2017.

[8] SCHULDT C, LAPTEV I, CAPUTO B. Recognizing Human Actions: A Local SVM Approach[C]//International Conference on Pattern Recognition. 2004:32-36.

[9] GORELICK L, BLANK M, SHECHTMAN E, et al. Actions as Space-Time Shapes[J]. IEEE Transactions on Pattern Analysis and Machine Intelligence, 2007, 29(12):2247-2253.

[10] SOOMRO K, ZAMIR A R, Shah M. UCF101: A Dataset of 101 Human Actions Classes From Videos in The Wild[J/OL]. (2012-12-03)[2024-06-11]. https://arxiv.org/abs/1212.0402.

[11] KUEHNE H, JHUANG H, GARROTE E, et al. HMDB: A large video database for human motion recognition[C]//IEEE International Conference on Computer Vision. IEEE, 2011:2556-2563.

[12] SOOMRO K, ZAMIR A R. Action Recognition in Realistic Sports-Videos [C]//Computer Vision in Sports. 2014:181-208.

[13] KARPATHY A, TODERICI G, SHETTY S, et al. Large-Scale Video Classification with Convolutional Neural Networks[C]//IEEE Conference on Computer Vision and Pattern Recognition. IEEE, 2014:1725-1732.

[14] TRAN D, SOROKIN A. Human Activity Recognition with Metric Learning[C]//European Conference on Computer Vision. 2008:548-561.

[15] GUO Y, XU G, TSUJI S. Tracking Human Body Motion Based on a Stick Figure Model[J]. Journal of Visual Communication and Image Representation, 1994, 5(1):1-9.

[16] MEEDS E, ROSS D A, ZEMEL R S, et al. Learning stick-figure models using nonparametric Bayesian priors over trees[C]//IEEE Conference on Computer Vision and Pattern Recognition. IEEE, 2008:1-8.

[17] FELZENSZWALB P F, MCALLESTER D A, Ramanan D. A discriminatively trained, multiscale, deformable part model[C]//IEEE Conference on Computer Vision and Pattern Recognition. IEEE, 2008:1-8.

[18] FELZENSZWALB P F, GIRSHICK R B, MCALLESTER D A, et al. Object Detection with Discriminatively Trained Part-Based Models[J]. IEEE Transactions on Pattern Analysis and Machine Intelligence, 2010, 32(9):1627-1645.

[19] WANG H, KLASER A, SCHMID C, et al. Action recognition by dense trajectories [C]//IEEE Conference on Computer Vision and Pattern Recognition. IEEE,2011:3169-3176.

[20] WANG H, KLASER A, SCHMID C, et al. Dense Trajectories and Motion Boundary Descriptors for Action Recognition[J]. International Journal of Computer Vision, 2013, 103(1):60-79.

[21] JAIN M, JEGOU H, BOUTHEMY P. Better Exploiting Motion for Better Action Recognition[C]//IEEE Conference on Computer Vision and Pattern Recognition. IEEE, 2013:2555-2562.

[22] WANG H, SCHMID C. Action Recognition with Improved Trajectories [C]//IEEE International Conference on Computer Vision. IEEE, 2013: 3551-3558.

[23] WANG H, YI Y, WU J. Human Action Recognition with Trajectory Based Covariance Descriptor In Unconstrained Videos [C]//ACM International Conference on Multimedia. ACM, 2015:1175-1178.

[24] BOBICK A F, DAVIS J W. The Recognition of Human Movement Using Temporal Templates [J]. IEEE Transactions on Pattern Analysis and Machine Intelligence, 2001, 23(3):257-267.

[25] CHUANG C, HSIEH J, TSAI L, et al. Human Action Recognition Using Star Templates and Delaunay Triangulation [C]//International Conference on Intelligent Information Hiding and Multimedia Signal Processing. 2008:179-182.

[26] WANG L, SUTER D. Informative Shape Representations for Human Action Recognition[C]//International Conference on Pattern Recognition. 2006:1266-1269.

[27] LAPTEV I. On Space-Time Interest Points[J]. International Journal of Computer Vision, 2005, 64(2/3):107-123.

[28] SCOVANNER P, ALI S, SHAH M. A 3-dimensional sift descriptor and its application to action recognition[C]//ACM International Conference on Multimedia. ACM, 2007:357-360.

[29] RAPTIS M, SIGAL L. Poselet Key-Framing: A Model for Human Activity Recognition [C]//IEEE Conference on Computer Vision and Pattern Recognition. IEEE, 2013:2650-2657.

[30] SADANAND S, CORSO J J. Action bank: A high-level representation of activity in video[C]//IEEE Conference on Computer Vision and Pattern Recognition. IEEE, 2012:1234-1241.

[31] YANG Y, FERMULLER C, ALOIMONOS Y. Detection of Manipulation Action Consequences (MAC)[C]//IEEE Conference on Computer Vision and Pattern Recognition. IEEE, 2013:2563-2570.

[32] FATHI A, REHG J M. Modeling Actions through State Changes[C]// IEEE Conference on Computer Vision and Pattern Recognition. IEEE, 2013:2579-2586.

[33] SINGH V K, NEVATIA R. Action recognition in cluttered dynamic scenes using Pose Specific Part Models [C]//IEEE International Conference on Computer Vision. IEEE, 2011:113-120.

[34] WANG C, WANG Y, YUILLE A L. An Approach to Pose-Based Action Recognition[C]//IEEE Conference on Computer Vision and Pattern Recognition. IEEE, 2013:915-922.

[35] DAVIS J W, BOBICK A F. The Representation and Recognition of Human Movement Using Temporal Templates[C]//IEEE Conference on Computer Vision and Pattern Recognition. IEEE, 1997:928-934.

[36] LIU J, ALI S, SHAH M. Recognizing human actions using multiple features [C]//IEEE Conference on Computer Vision and Pattern Recognition. IEEE, 2008:1-8.

[37] DARRELL T, PENTLAND A. Space-time gestures[C]//IEEE Conference on Computer Vision and Pattern Recognition. IEEE, 1993:335-340.

[38] VEERARAGHAVAN A, ROY-CHOWDHURY A K. The Function Space of an Activity[C]//IEEE Conference on Computer Vision and Pattern Recognition. IEEE, 2006:959-968.

[39] FARABET C, COUPRIE C, NAJMAN L, et al. Learning Hierarchical Features for Scene Labeling[J]. IEEE Transactions on Pattern Analysis and Machine Intelligence, 2013, 35(8):1915-1929.

[40] JARRETT K, KAVUKCUOGLU K, RANZATO M, et al. What is the best multi-stage architecture for object recognition?[C]//IEEE International Conference on Computer Vision. IEEE, 2009:2146-2153.

[41] KRIZHEVSKY A, SUTSKEVER I, HINTON G E. ImageNet Classification with Deep Convolutional Neural Networks[C]//Advances in Neural Information Processing Systems. 2012:1106-1114.

[42] LE Q V. Building high-level features using large scale unsupervised learning[C]//IEEE International Conference on Acoustics, Speech and Signal Processing. IEEE, 2013:8595-8598.

[43] LUO P, WANG X, TANG X. Hierarchical face parsing via deep learning [C]//IEEE Conference on Computer Vision and Pattern Recognition. IEEE, 2012:2480-2487.

[44] TAIGMAN Y, YANG M, RANZATO M, et al. Deep Face: Closing the Gap to Human-Level Performance in Face Verification[C]//IEEE Conference on Computer Vision and Pattern Recognition. IEEE, 2014:1701-1708.

[45] TRAN D, BOURDEV L D, FERGUS R, et al. Learning Spatiotemporal Features with 3D Convolutional Networks[C]//IEEE International Conference on Computer Vision. IEEE, 2015:4489-4497.

[46] SIMONYAN K, ZISSERMAN A. Two-Stream Convolutional Networks for Action Recognition in Videos [C]//Conference and Workshop on Neural Information Processing Systems. 2014:568-576.

[47] WANG L, XIONG Y, WANG Z, et al. Temporal Segment Networks: Towards Good Practices for Deep Action Recognition [C]//European Conference on Computer Vision. 2016:20-36.

[48] DONAHUE J, HENDRICKS L A, ROHRBACH M, et al. Long-term Recurrent Convolutional Networks for Visual Recognition and Description [J]. IEEE Transactions on Pattern Analysis and Machine Intelligence, 2016, 39(4):677-691.

[49] FEICHTENHOFER C, FAN H, MALIK J, et al. Slow Fast Networks for Video Recognition [C]//IEEE International Conference on Computer Vision. IEEE, 2019:6201-6210.

[50] MENG Y, LIN C, PANDA R, et al. AR-Net: Adaptive Frame Resolution for Efficient Action Recognition[C]//European Conference on Computer Vision. 2020:86-104.

[51] LI X, SHUAI B, TIGHE J. Directional Temporal Modeling for Action Recognition[C]//European Conference on Computer Vision. 2020:275-291.

[52] YANG C, XU Y, SHI J, et al. Temporal Pyramid Network for Action Recognition[C]//IEEE Conference on Computer Vision and Pattern Recognition. IEEE, 2020:588-597.

[53] REN S, HE K, GIRSHICK R B, et al. Faster R-CNN: Towards Real-Time Object Detection with Region Proposal Networks[C]//Conference and Workshop on Neural Information Processing Systems. 2015:91-99.

[54] REDMON J, DIVVALA S K, GIRSHICK R B, et al. You Only Look Once: Unified, Real-Time Object Detection [C]//IEEE Conference on Computer Vision and Pattern Recognition. IEEE, 2016:779-788.

[55] LIU W, ANGUELOV D, ERHAN D, et al. SSD: Single Shot MultiBox Detector[C]//European Conference on Computer Vision. 2016:21-37.

[56] ELLIS A, FERRYMAN J M. PETS2010 and PETS2009 Evaluation of Results Using Individual Ground Truthed Single Views[C]//IEEE International Conference on Advanced Video and Signal Based Surveillance. IEEE, 2010:135-142.

[57] MILAN A, LEAL-TAIXE L, REID I D, et al. MOT16: A Benchmark for Multi-Object Tracking[J/OL]. (2016-05-02)[2024-06-11]. https://

arxiv. org/abs/1603. 00831v2.

[58] LYU S, CHANG M C, DU D, et al. UA-DETRAC 2017: Report of AVSS2017 & IWT4S Challenge on Advanced Traffic Monitoring[C]// IEEE International Conference on Advanced Video and Signal Based Surveillance. IEEE, 2017:135-142.

[59] PELLEGRINI S, ESS A, SCHINDLER K, et al. You'll never walk alone: modeling social behavior for multi-target tracking[C]//IEEE International Conference on Computer Vision. IEEE, 2009:261-268.

[60] BREITENSTEIN M D, REICHLIN F, LEIBE B, et al. Online Multiperson Tracking-by-Detection from a Single, Uncalibrated Camera [J]. IEEE Transactions on Pattern Analysis and Machine Intelligence, 2011, 33(9):1820-1833.

[61] SHU G, DEHGHAN A, OREIFEJ O, et al. Part-based multiple-person tracking with partial occlusion handling[C]//IEEE Conference on Computer Vision and Pattern Recognition. IEEE, 2012:1815-1821.

[62] KIERITZ H, BECKER S, HUBNER W, et al. Online multi-person tracking using Integral Channel Features[C]//IEEE International Conference on Advanced Video and Signal Based Surveillance. IEEE, 2016:122-130.

[63] BAN Y, BA S O, ALAMEDA-PINEDA X, et al. Tracking Multiple Persons Based on a Variational Bayesian Model[C]//European Conference on Computer Vision Workshop. 2016:52-67.

[64] MILAN A, REZATOFIGHI S H, DICK A R, et al. Online Multi-Target Tracking Using Recurrent Neural Networks[C]//AAAI Conference on Artificial Intelligence. 2017:4225-4232.

[65] PIRSIAVASH H, RAMANAN D, FOWLKES C C. Globally-optimal greedy algorithms for tracking a variable number of objects[C]//IEEE Conference on Computer Vision and Pattern Recognition. IEEE, 2011: 1201-1208.

[66] MILAN A, ROTH S, SCHINDLER K. Continuous Energy Minimization for Multitarget Tracking[J]. IEEE Transactions on Pattern Analysis and Machine Intelligence, 2014, 36(1):58-72.

[67] MCLAUGHLIN N, RINCON J M, MILLER P C. Enhancing Linear Programming with Motion Modeling for Multi-target Tracking[C]//IEEE Winter Conference on Applications of Computer Vision. IEEE, 2015: 71-77.

[68] MILAN A, SCHINDLER K, ROTH S. Multi-Target Tracking by Discrete-Continuous Energy Minimization [J]. IEEE Transactions on Pattern Analysis and Machine Intelligence, 2016, 38(10):2054-2068.

[69] TANG S, ANDRILUKA M, ANDRES B, et al. Multiple People Tracking by Lifted Multicut and Person Re-identification [C]//IEEE Conference on Computer Vision and Pattern Recognition. IEEE, 2017: 3701-3710.

[70] BREITFNSTEIN M D, REICHLIN F, LEIBE B, et al. Robust tracking-by-detection using a detector confidence particle filter [C]//IEEE International Conference on Computer Vision. IEEE, 2009:1515-1522.

[71] KHAN Z, BALCH T R, DELLAERT F. MCMC-Based Particle Filtering for Tracking a Variable Number of Interacting Targets [J]. IEEE Transactions on Pattern Analysis and Machine Intelligence, 2005, 27(11): 1805-1918.

[72] DICLE C, CAMPS O I, SZNAIER M. The Way They Move: Tracking Multiple Targets with Similar Appearance [C]//IEEE International Conference on Computer Vision. IEEE, 2013:2304-2311.

[73] CHOI W. Near-Online Multi-target Tracking with Aggregated Local Flow Descriptor[C]//IEEE International Conference on Computer Vision. IEEE, 2015: 3029-3037.

[74] SADEGHIAN A, ALAHI A, Savarese S. Tracking the Untrackable: Learning to Track Multiple Cues with Long-Term Dependencies [C]// IEEE International Conference on Computer Vision. IEEE, 2017:300-311.

[75] LEAL-TAIXE L, CANTON-FERRER C, SCHINDLER K. Learning by Tracking: Siamese CNN for Robust Target Association[C]//IEEE Conference on Computer Vision and Pattern Recognition Workshop. IEEE, 2016:418-425.

[76] KIM C, LI F, REHG J. Multi-object Tracking with Neural Gating Using Bilinear LSTM[C]//European Conference on Computer Vision. 2018:200-215.

[77] FENG W, HU Z, WU W, et al. Multi-Object Tracking with Multiple Cues and Switcher Aware Classification [J/OL]. (2019-01-18) (2024-06-11). https://arxiv.org/abs/1901.06129.

[78] BRASO G, LEAL-TAIX E L. Learning a Neural Solver for Multiple Object Tracking[C]//IEEE Conference on Computer Vision and Pattern Recognition. IEEE, 2020:6246-6256.

[79] CHOI W, SHAHID K, SAVARESE S. Learning context for collective activity recognition [C]//IEEE Conference on Computer Vision and Pattern Recognition. IEEE, 2011.

[80] AMER M R, DAN X, ZHAO M, et al. Cost-Sensitive Top-Down/Bottom-Up Inference for Multiscale Activity Recognition[C]//European Conference on Computer Vision. 2012:187-200.

[81] LAN T, WANG Y, YANG W, et al. Discriminative Latent Models for Recognizing Contextual Group Activities[J]. IEEE Transactions on Pattern Analysis and Machine Intelligence, 2012, 34(8):1549-1562.

[82] LAN T, SIGAL L, MORI G. Social roles in hierarchical models for human activity recognition[C]//IEEE Conference on Computer Vision and Pattern Recognition. IEEE,2012: 1354-1361.

[83] RAMANATHAN V, HUANG J, ABU-El-HAIJA S, et al. Detecting Events and Key Actors in Multi-person Videos[C]//IEEE Conference on Computer Vision and Pattern Recognition. IEEE, 2016:3043-305.

[84] YAN R, XIE L, TANG J, et al. Social Adaptive Module for Weakly-Supervised Group Activity Recognition [C]//European Conference on Computer Vision. 2020: 208-224.

[85] WEINZAEPFEL P, HARCHAOUI Z, SCHMID C. Learning to Track for Spatio-Temporal Action Localization[C]//IEEE International Conference on Computer Vision. IEEE, 2015:3164-3172.

[86] LAN T, WANG Y, MORI G, et al. Retrieving Actions in Group Contexts[C]//European Conference on Computer Vision. 2010:181-194.

[87] KANEKO T, SHIMOSAKA M, ODASHIMA S, et al. Viewpoint invariant collective activity recognition with relative action context[C]//European Conference on Computer Vision. 2012: 253-262.

[88] AMER M R, TODOROVIC S. A chains model for localizing participants of group activities in videos[C]//International Conference on Computer Vision. 2011: 786-793.

[89] NABI M, BUE A, MURINO V. Temporal poselets for collective activity detection and recognition [C]//Proceedings of the IEEE International Conference on Computer Vision Workshops. IEEE, 2013: 500-507.

[90] LAN T, WANG Y, YANG W, et al. Beyond actions: Discriminative models for contextual group activities[J]. Advances in Neural Information Processing Systems, 2010:23.

[91] KANEKO T, SHIMOSAKA M, ODASHIMA S, et al. Consistent collective activity recognition with fully connected CRFs[C]//Proceedings of the 21st International Conference on Pattern Recognition (ICPR2012). 2012: 2792-2795.

[92] CHANG X, ZHENG W S, ZHANG J. Learning person-person interaction in collective activity recognition[J]. IEEE Transactions on Image Processing, 2015, 24(6): 1905-1918.

[93] AMER M R, TODOROVIC S, FERN A, et al. Monte carlo tree search for scheduling activity recognition[C]//IEEE International Conference on Computer Vision. IEEE,2013: 1353-1360.

[94] AMER M R, LEI P, TODOROVIC S. Hirf: hierarchical random field for collective activity recognition in videos[C]//European Conference on Computer Vision. 2014: 572-585.

[95] ZHAO C, WANG J, LU H. Learning discriminative context models for concurrent collective activity recognition[J]. Multimedia Tools and Applications, 2017, 76: 7401-7420.

[96] HAJIMIRSADEGHI H, YAN W, VAHDAT A, et al. Visual Recognition by Counting Instances: A Multi-Instance Cardinality Potential Kernel[C]//IEEE Conference on Computer Vision and Pattern Recognition. IEEE,2015:2596-2605.

[97] SHU T, TODOROVIC S, ZHU S. CERN: Confidence-Energy Recurrent Network for Group Activity Recognition[C]//IEEE Conference on Computer Vision and Pattern Recognition. IEEE, 2017: 4255-4263.

[98] GAMMULLE H, DENMAN S, SRIDHARAN S, et al. Multi-level sequence GAN for group activity recognition[C]//Asian Conference on Computer Vision. 2019: 331-346.

[99] SHU X, ZHANG L, SUN Y, et al. Host-parasite: graph LSTM-in-LSTM for group activity recognition[J]. IEEE Transactions on Neural Networks and Learning Systems, 2020, 32(2): 663-674.

[100] YAN R, TANG J, SHU X, et al. Participation-Contributed Temporal Dynamic Model for Group Activity Recognition[C]//ACM International Conference on Multimedia. ACM,2018: 1292-1300.

[101] DENG Z, VAHDAT A, HU H, et al. Structure Inference Machines: Recurrent Neural Networks for Analyzing Relations in Group Activity Recognition[C]//IEEE Conference on Computer Vision and Pattern Recognition. IEEE,2016: 4772-4781.

[102] QI M, QIN J, LI A, et al. StagNet: An Attentive Semantic RNN for Group Activity Recognition[C]//European Conference on Computer Vision. 2018: 104-120.

[103] IBRAHIM M S, MORI G. Hierarchical Relational Networks for Group Activity Recognition and Retrieval[C]//European Conference on Computer Vision. 2018: 742-758.

[104] AZAR S M, ATIGH M G, NICKABADI A, et al. Convolutional Relational Machine for Group Activity Recognition[C]//IEEE Conference on Computer Vision and Pattern Recognition. IEEE,2019: 7892-7901.

[105] PAPAKISL, SARKAR A, KARPATNE A. GCNMath: graph convolutional neural networks for multi-object tracking via Sinkhorn normalization[J/OL]. (2020-11-16) [2024-06-11]. https://arxiv. org/ abs/2010. 00067.

[106] WU J, WANG L, WANG L, et al. Learning Actor Relation Graphs for Group Activity Recognition[C]//IEEE Conference on Computer Vision and Pattern Recognition. IEEE,2019: 9964-9974.

[107] HU G, CUI B, HE Y, et al. Progressive relation learning for group activity recognition[C]//IEEE/CVF Conference on Computer Vision and Pattern Recognition. IEEE,2020: 980-989.

[108] VASWANI A, SHAZEER N, PARMAR N, et al. Attention is All you Need[C]//Advances in Neural Information Processing Systems. 2017: 5998-6008.

[109] GAVRILYUK K, SANFORD R, JAVAN M, et al. Actor-Transformers for Group Activity Recognition[C]//IEEE Conference on Computer Vision and Pattern Recognition. IEEE,2020: 836-845.

[110] BAGAUTDINOV T M, ALAHI A, FLEURET F, et al. Social Scene Understanding: End-to-End Multi-person Action Localization and Collective Activity Recognition[C]//IEEE Conference on Computer Vision and Pattern Recognition. IEEE,2017: 3425-3434.

[111] ZHANG P, TANG Y, HU J F, et al. Fast collective activity recognition under weak supervision[J]. IEEE Transactions on Image Processing, 2019, 29: 29-43.

[112] ZHUANG N, YUSUFU T, YE J, et al. Group activity recognition with differential recurrent convolutional neural networks[C]//IEEE International Conference on Automatic Face & Gesture Recognition. IEEE,2017: 526-531.

[113] WU Y, LIM J, YANG M H. Online Object Tracking: A Benchmark [C]//IEEE Conference on Computer Vision and Pattern Recognition. IEEE, 2013:2411-2418.

[114] KRISTAN M, MATAS J, LEONARDIS A, et al. The Visual Object Tracking VOT2015 Challenge Results[C]//IEEE International Conference on Computer Vision. IEEE, 2016:564-586.

[115] ZHANG K, ZHANG L, YANG M. Real-time compressive tracking [C]//European Conference on Computer Vision. 2012:864-877.

[116] ALT N, HINTERSTOISSER S, NAVAB N. Rapid selection of reliable templates for visual tracking[C]//IEEE Conference on Computer Vision and Pattern Recognition. IEEE, 2010:1355-1362.

[117] HAGER G D, BELHUMEUR P N. Efficient region tracking with parametric models of geometry and illumination[J]. IEEE Transactions on Pattern Analysis and Machine Intelligence, 1998, 20(10):1025-1039.

[118] MEI X, LING H, WU Y, et al. Efficient Minimum Error Bounded Particle Resampling L1 Tracker With Occlusion Detection[J]. IEEE Transactions on Image Processing, 2013, 22(7):2661-2675.

[119] WU Y, LING H, YU J, et al. Blurred target tracking by blur-driven tracker[C]//IEEE International Conference on Computer Vision. IEEE, 2011:1100-1107.

[120] AVIDAN S. Ensemble tracking[J]. IEEE Transactions on Pattern Analysis and Machine Intelligence, 2007, 29(2):261-271.

[121] COLLINS R, LIU Y, Leordeanu M. Online selection of discriminative tracking features[J]. IEEE Transactions on Pattern Analysis and Machine Intelligence, 2005, 27(10):1631-1643.

[122] WANG W, WANG C, LIU S, et al. Robust Target Tracking by Online Random Forests and Superpixels[J]. IEEE Transactions on Circuits and Systems for Video Technology, 2018, 28(7):1609-1622.

[123] LUCAS B D, KANADE T. An Iterative Image Registration Technique with an Application to Stereo Vision[C]//International Joint Conference on Artificial Intelligence. 1981:674-679.

[124] GRABNER H, GRABNER M, BISCHOF H. Real-Time Tracking via On-line Boosting[C]//British Machine Vision Conference. 2006:6.1-6.10.

[125] ROSS D, LIM J, LIN R, et al. Incremental learning for robust visual tracking[J]. International Journal of Computer Vision, 2008, 77(1/3):

125-141.

[126] DANELLJAN M, HAGER G, KHAN F S, et al. Accurate Scale Estimation for Robust Visual Tracking[C]//British Machine Vision Conference. 2014.

[127] BERTINETTO L, VALMADRE J, GOLODETZ S, et al. Staple: Complementary Learners for Real-Time Tracking[C]//IEEE Conference on Computer Vision and Pattern Recognition. IEEE, 2016:1401-1409.

[128] WANG N, YEUNG D. Learning a Deep Compact Image Representation for Visual Tracking [C]//Conference and Workshop on Neural Information Processing Systems. 2013:809-817.

[129] FAN J, XU W, WU Y, et al. Human tracking using convolutional neural networks[J]. IEEE Transactions on Neural Networks, 2010, 21 (10):1610-1623.

[130] HONG S, YOU T, KWAK S, et al. Online Tracking by Learning Discriminative Saliency Map with Convolutional Neural Network[C]// International Conference on Machine Learning. 2015:597-606.

[131] WANG N, LI S, GUPTA A, et al. Transferring Rich Feature Hierarchies for Robust Visual Tracking[J/OL]. (2015-01-19)[2024-06-11]. https://arxiv.org/abs/1501.04587.

[132] VALMADRE J, BERTINETTO L, HENRIQUES J F, et al. End-to-End Representation Learning for Correlation Filter Based Tracking [C]// IEEE Conference on Computer Vision and Pattern Recognition. IEEE, 2017:5000-5008.

[133] COLLINS R, ZHOU X, TECH S K. An open source tracking testbed and evaluation web site[C]//IEEE International Workshop on Performance Evaluation of Tracking and Surveillance. IEEE, 2005:3769-3772.

[134] FISHER R B. The PETS04 surveillance ground-truth data sets[C]// IEEE International Workshop on Performance Evaluation of Tracking and Surveillance. IEEE, 2004:1-5.

[135] ISARD M, MACCORMICK J. BraMBLe: A Bayesian multiple-blob tracker[C]//IEEE International Conference on Computer Vision. IEEE, 2001:34-41.

[136] DUAN Z, CAI Z, YU J. Occlusion detection and recovery in video object tracking based on adaptive particle filters[C]//Control and Decision Conference, Chinese. 2009:466-469.

[137] TANG D, ZHANG Y. Combining Mean-Shift and Particle Filter for Object Tracking[C]//International Conference on Image and Graphics. 2011:771-776.

[138] LIU J, CARR P, COLLINS R T, et al. Tracking Sports Players with Context-Conditioned Motion Models[C]//IEEE Conference on Computer Vision and Pattern Recognition. IEEE, 2013:1830-1837.

[139] MAUTHNER T, KOCH C, TILP M, et al. Visual Tracking of Athletes in Beach Volleyball Using a Single Camera[J]. International Journal of Computer Science in Sport, 2007, 6(2):21-34.

[140] GOMEZ G, LOPEZ P H, LINK D, et al. Tracking of ball and players in beach volleyball videos[J]. PloS One, 2014, 9(11):e111730.

[141] LAPTEV I, MARSZALEK M, SCHMID C, et al. Learning realistic human actions from movies[C]//IEEE Conference on Computer Vision and Pattern Recognition. IEEE, 2008:1-8.

[142] GALL J, YAO A, RAZAVI N, et al. Hough forests for object detection, tracking, and action recognition[J]. IEEE Transactions on Pattern Analysis and Machine Intelligence, 2011, 33(11):2188-2202.

[143] GKIOXARI G, MALIK J. Finding Action Tubes [C]//IEEE International Conference on Computer Vision. IEEE, 2015:759-768.

[144] NG A Y, JORDAN M I. On discriminative vs. generative classifiers: A comparison of logistic regression and naive bayes[C]//Conference and Workshop on Neural Information Processing Systems. 2002:841-848.

[145] BABENKO B, YANG M, BELONGIE S J. Robust Object Tracking with Online Multiple Instance Learning[J]. IEEE Transactions on Pattern Analysis and Machine Intelligence, 2011, 33(8):1619-1632.

[146] HARE S, GOLODETZ S, SAFFARI A, et al. Struck: Structured Output Tracking with Kernels[J]. IEEE Transactions on Pattern Analysis and Machine Intelligence, 2016, 38(10):2096-2109.

[147] HE K, ZHANG X, REN S, et al. Spatial Pyramid Pooling in Deep Convolutional Networks for Visual Recognition[J]. IEEE Transactions on Pattern Analysis and Machine Intelligence, 2015, 37(9):1904-1916.

[148] NG Y H, HAUSKNECHT M, VIJAYANARASIMHAN S, et al. Beyond short snippets: Deep networks for video classification[C]//IEEE Conference on Computer Vision and Pattern Recognition. IEEE, 2015:4694-4702.

[149] GOODALE M A, MILNER A D. Separate visual pathways for perception and action[J]. Trends in Neurosciences, 1992, 15(1):20-25.

[150] CHATFIELD K, SIMONYAN K, VEDALDI A, et al. Return of the Devil in the Details: Delving Deep into Convolutional Nets[C]//British Machine Vision Conference. 2014.

[151] ZEILER M D, FERGUS R. Visualizing and Understanding Convolutional Networks[C]//European Conference on Computer Vision. 2014:818-833.

[152] BROX T, BRUHNA, PAPENBERG N, et al. High Accuracy Optical Flow Estimation Based on a Theory for Warping [C]//European Conference on Computer Vision. 2004:25-36.

[153] VINYALS O, RAVURI S V, POVEY D. Revisiting Recurrent Neural Networks for robust ASR[C]//International Conference on Acoustics, Speech and Signal Processing. 2012:4085-4088.

[154] GRAVES A. Generating Sequences With Recurrent Neural Networks[J/OL]. (2013-08-4)[2024-06-14]. https://arxiv. org/abs/1308. 0850.

[155] GRAVES A, MOHAMED A, HINTON G E. Speech recognition with deep recurrent neural networks [C]//International Conference on Acoustics, Speech and Signal Processing. 2013:6645-6649.

[156] KINGMA D P, Ba J. Adam: A Method for Stochastic Optimization [C]//International Conference on Learning Representations. 2015.

[157] WANG L, OUYANG W, WANG X, et al. Visual Tracking with Fully Convolutional Networks [C]//IEEE International Conference on Computer Vision. IEEE, 2015:3119-312.

[158] HENRIQUES J, CASEIRO R, Martins P, et al. Exploiting the circulant structure of tracking-by-detection with kernels[C]//European Conference on Computer Vision. 2012:702-715.

[159] XU J, LU H, YANG M. Visual tracking via adaptive structural local sparse appearance model[C]//IEEE Conference on Computer Vision and Pattern Recognition. IEEE, 2012:1822-1829.

[160] ZHONG W, LU H, YANG M. Robust object tracking via sparsity-based collaborative model[C]//IEEE Conference on Computer Vision and Pattern Recognition. IEEE, 2012:1838-1845.

[161] BAO C, WU Y, LING H, et al. Real time robust L1 tracker using accelerated proximal gradient approach[C]//IEEE Conference on Computer Vision and Pattern Recognition. IEEE, 2012:1830-1837.

[162] QIU Z, YAO T, MEI T. Learning Spatio-Temporal Representation with Pseudo-3D Residual Networks[C]//IEEE International Conference on Computer Vision. IEEE, 2017:5534-5542.

[163] WANG L, XIONG Y, WANG Z, et al. Towards Good Practices for Very Deep Two-Stream ConvNets[J/OL]. (2015-07-08)[2024-06-11]. https://arxiv.org/abs/1507.02159.

[164] WANG L, QIAO Y, TANG X. Action Recognition with Trajectory-Pooled Deep-Convolutional Descriptors[C]//IEEE Conference on Computer Vision and Pattern Recognition. IEEE, 2015:4305-4314.

[165] SIMONYAN K, ZISSERMAN A. Very Deep Convolutional Networks for Large-Scale Image Recognition[C/OL]//(2015-4-10)[2024-06-11]. http://arxiv.org/abs/1409.1556.

[166] ZHANG T, GHANEM B, LIU S, et al. Robust visual tracking via multi-task sparse learning[C]//IEEE Conference on Computer Vision and Pattern Recognition. IEEE, 2012:2042-2049.

[167] LU J, HUANG D, WANG Y, et al. Scaling and occlusion robust athlete tracking in sports videos[C]//International Conference on Acoustics, Speech and Signal Processing. 2016:1526-1530.

[168] XING J, AI H, LIU L, et al. Multiple Player Tracking in Sports Video: A DualMode Two-Way Bayesian Inference Approach With Progressive Observation Modeling[J]. IEEE Transactions on Image Processing, 2011, 20(6): 1652-1667.

[169] SHITRIT H B, BERCLAZ J, FLEURET F, et al. Multi-Commodity Network Flow for Tracking Multiple People[J]. IEEE Transactions on Pattern Analysis and Machine Intelligence, 2014, 36(8):1614-1627.

[170] KIM C, LI F, CIPTADI A, et al. Multiple Hypothesis Tracking Revisited[C]//IEEE International Conference on Computer Vision. IEEE, 2015:4696-4704.

[171] FAGOT-BOUQUET L, AUDIGIER R, DHOME Y, et al. Improving Multi-Frame Data Association with Sparse Representations for Robust Near-online Multi-object Tracking[C]//European Conference on Computer Vision. 2016:774-790.

[172] WEN L, LEI Z, LYU S, et al. Exploiting Hierarchical Dense Structures on Hypergraphs for Multi-Object Tracking[J]. IEEE Transactions on Pattern Analysis and Machine Intelligence, 2016, 38(10):1983-1996.

[173] KONG L, HUANG D, QIN J, et al. A Joint Framework for Athlete Tracking and Action Recognition in Sports Videos[J]. IEEE Transactions on Circuits and Systems for Video Technology, 2020, 30(2):532-548.

[174] BERCLAZ J, FLEURET F, TURETKEN E, et al. Multiple Object Tracking Using K-Shortest Paths Optimization[J]. IEEE Transactions on Pattern Analysis and Machine Intelligence, 2011, 33(9):1806-1819.

[175] REN S, HE K, GIRSHICK R B, et al. Faster R-CNN: Towards Real-Time Object Detection with Region Proposal Networks[C]//Conference and Workshop on Neural Information Processing Systems. 2015:91-99.

[176] NEWELL A, YANG K, DENG J. Stacked Hourglass Networks for Human Pose Estimation[C]//European Conference on Computer Vision. 2016:483-499.

[177] HE K, ZHANG X, REN S, et al. Deep Residual Learning for Image Recognition[C]//IEEE Conference on Computer Vision and Pattern Recognition. IEEE, 2016:770-778.

[178] ZHENG S, YUE Y, HOBBS J. Generating Long-term Trajectories Using Deep Hierarchical Networks[C]//Conference and Workshop on Neural Information Processing Systems. 2016:1543-1551.

[179] MARTINEZ J, BLACK M J, ROMERO J. On Human Motion Prediction Using Recurrent Neural Networks[C]//IEEE Conference on Computer Vision and Pattern Recognition. IEEE, 2017:4674-4683.

[180] GUI L, WANG Y, LIANG X, et al. Adversarial Geometry-Aware Human Motion Prediction[C]//European Conference on Computer Vision. 2018:823-842.

[181] GOODFELLOW I, POUGET-ABADIE J, MIRZA M, et al. Generative adversarial nets[C]//Conference and Workshop on Neural Information Processing Systems. 2014:2672-2680.

[182] RAN N, KONG L, WANG Y, et al. A Robust Multi-Athlete Tracking Algorithm by Exploiting Discriminant Features and Long-Term Dependencies[C]//International Conference on MultiMedia Modeling. 2019:411-423.

[183] CHOI W, SAVARESE S. A Unified Framework for Multi-target Tracking and Collective Activity Recognition[C]//European Conference on Computer Vision. 2012:215-230.

[184] BAHDANAU D, CHO K, BENGIO Y. Neural Machine Translation by Jointly Learning to Align and Translate[C]//International Conference on Learning Representations. 2015.

[185] YANG Z, YANG D, HE X, et al. Hierarchical Attention Networks for Document Classification[C]//Artificial Neural Networks and Machine Learning. 2016:1480-1489.

[186] XU K, BA J, KIROS R, et al. Show, Attend and Tell: Neural Image Caption Generation with Visual Attention[C]//International Conference on Machine Learning. 2015:2048-2057.

[187] SZEGEDY C, LIU W, JIA Y, et al. Going deeper with convolutions [C]//IEEE Conference on Computer Vision and Pattern Recognition. IEEE, 2015:1-9.

[188] HAJIMIRSADEGHI H, YAN W, VAHDAT A, et al. Visual recognition by counting instances: A multi-instance cardinality potential kernel[C]//IEEE Conference on Computer Vision and Pattern Recognition. IEEE, 2015: 2596-2605.

[189] ZHU G, XU C, HUANG Q, et al. Event Tactic Analysis Based on Broadcast Sports Video[J]. IEEE Transactions on Multimedia, 2009, 11 (1):49-67.

[190] NIU Z, GAO X, TIAN Q. Tactic analysis based on real-world ball trajectory in soccer video[J]. Pattern Recognition, 2012, 45(5):1937-1947.

[191] PERSE M, KRISTAN M, KOVACIC S, et al. A trajectory-based analysis of coordinated team activity in a basketball game[J]. Computer Vision and Image Understanding, 2009, 113(5):612-621.

[192] KONG L, Qin L, HUANG D, et al. Hierarchical Attention and Context Modeling for Group Activity Recognition[C]//IEEE International Conference on Acoustics Speech and Signal Processing. IEEE, 2018: 1328-1332.

[193] SUN K, XIAO B, LIU D, et al. Deep High-Resolution Representation Learning for Human Pose Estimation[C]//IEEE Conference on Computer Vision and Pattern Recognition. IEEE,2019: 5693-5703.

[194] SZEGEDY C, VANHOUCKE V, IOFFE S, et al. Rethinking the Inception Architecture for Computer Vision[C]//IEEE Conference on Computer Vision and Pattern Recognition. IEEE, 2016:2818-2826.

[195] WANG X, GIRSHICK R, GUPTA A, et al. Non-local neural networks

[C]//IEEE Conference on Computer Vision and Pattern Recognition. IEEE,2018: 7794-7803.

[196] YAN R, TANG J, SHU X, et al. Participation-Contributed Temporal Dynamic Model for Group Activity Recognition[C]//ACM Multimedia. ACM,2018: 1292-1300.

[197] HE K, GKIOXARI G, DOLLÁR P, et al. Mask R-CNN[C]//IEEE International Conference on Computer Vision. IEEE,2017: 2980-2988.

[198] TANG J, SHU X, YAN R, et al. Coherence Constrained Graph LSTM for Group Activity Recognition[J]. IEEE Transactions on Pattern Analysis and Machine Intelligence, 2022, 44(2): 636-647.

[199] YUAN H, NI D, WANG M. Spatio-Temporal Dynamic Inference Network for Group Activity Recognition[C]//International Conference on Computer Vision. 2021: 7456-7465.

[200] YAN R, XIE L, TANG J, et al. HiGCIN: Hierarchical Graph-based Cross Inference Network for Group Activity Recognition[J]. IEEE Transactions on Pattern Analysis and Machine Intelligence, 2023,45(6):6955-6968.

[201] KONG L, PEI D, HE R, et al. Spatio-Temporal Player Relation Modeling for Tactic Recognition in Sports Videos[C]//IEEE Transactions on Circuits and Systems for Video Technology. IEEE,2022,32(9):6086-6099.

[202] YUAN H, NI D. Learning Visual Context for Group Activity Recognition [C]//AAAI Conference on Artificial Intelligence. 2021: 3261-3269.

[203] MAO K, JIN P, PING Y, et al. Modeling multi-scale sub-group context for group activity recognition[J]. Applied Intelligence, 2023, 53(1): 1149-1161.

[204] LIU X, LIU W, ZHANG M, et al. Social Relation Recognition From Videos via MultiScale Spatial-Temporal Reasoning[C]//IEEE Conference on Computer Vision and Pattern Recognition. IEEE,2019: 3566-3574.

[205] WANG W, YAO L, CHEN L, et al. Crossformer: a versatile vision transformer hinging on cross-scale attention[J/OL]. (2021-10-08)[2024-06-11]. https://arxiv. org/2108. 00154.

[206] LIU Z, LIN Y, CAO Y, et al. Swin Transformer: Hierarchical Vision Transformer using Shifted Windows[C]//International Conference on Computer Vision. 2021: 9992-10002.

[207] BELLO I, ZOPH B, VASWANI A, et al. Attention augmented convolutional

networks[C]//IEEE International Conference on Computer Vision. IEEE, 2019:
3286-3295.

[208] DOSOVITSKIY A, BEYER L, KOLESNIKOV A, et al. An Image is
Worth 16x16 Words: Transformers for Image Recognition at Scale[C]//
International Conference on Learning Representations. 2021.

[209] RAO Y, ZHAO W, LIU B, et al. DynamicViT: Efficient Vision Transformers
with Dynamic Token Sparsification [C]//Advances in Neural Information
Processing Systems. 2021: 13937-13949.

[210] WANG T, YUAN L, CHEN Y, et al. PnP-DETR: Towards Efficient
Visual Analysis with Transformers[C]//IEEE International Conference
on Computer Vision. IEEE,2021: 4661-4670.

[211] TANG W, HE F, LIU Y. YDTR: infrared and visible image fusion via
y-shape dynamic transformer[J]. IEEE Transactions on Multimedia,
2023,25:5413-5428.

[212] CARION N, MASSA F, SYNNAEVE G, et al. End-to-end object
detection with transformers [C]//European Conference on Computer
Vision. 2020: 213-229.

[213] XU M, DAI W, LIU C, et al. Spatial-Temporal Transformer Networks
for Traffic Flow Forecasting [J/OL]. (2020-01-09) [2024-06-11].
Https://arxiv. org/abs/2001. 02908.

[214] YU C, MA X, REN J, et al. Spatio-Temporal Graph Transformer Networks
for Pedestrian Trajectory Prediction[C]//European Conference on Computer
Vision. 2020: 507-523.

[215] CHEN K, CHEN G, XU D, et al. NAST: Non-Autoregressive Spatial-
Temporal Transformer for Time Series Forecasting[J/OL]. (2021-02-10)
[2024-06-11]. Https://arxiv. org/abs/2102. 05624.

[216] BERTASIUS G, WANG H, TORRESANI L. Is Space-Time Attention
All You Need for Video Understanding? [C]//International Conference
on Machine Learning. 2021: 813-824.

[217] ZHONG H, CHEN J, SHEN C, et al. Self-adaptive neural module
transformer for visual question answering[J]. IEEE Transactions on
Multimedia, 2020, 23: 1264-1273.

[218] HE K, CHEN X, XIE S, et al. Masked Autoencoders Are Scalable
Vision Learners[C]//IEEE Conference on Computer Vision and Pattern

Recognition. IEEE, 2022: 15979-15988.

[219] DEVLIN J, CHANG M, LEE K, et al. BERT: Pre-training of Deep Bidirectional Transformers for Language Understanding[C]//Conference of the North AmericanChapter of the Association for Computational Linguistics: Human Language Technologies. 2019: 4171-4186.

[220] PRAMONO R R A, CHEN Y, FANG W. Empowering relational network by self-attention augmented conditional randomfields for group activity recognition[C]//European Conference on Computer Vision. 2020: 71-90.

[221] HAN M, ZHANG D J, WANG Y, et al. Dual-AI: Dual-path Actor Interaction Learning for Group Activity Recognition[C]//IEEE Conference on Computer Vision and Pattern Recognition. IEEE,2022: 2990-2999.

[222] KIM D, LEE J, CHO M, et al. Detector-free weakly supervised group activity recognition [C]//IEEE Conference on Computer Vision and Pattern Recognition. IEEE,2022: 20083-20093.

[223] VAN dEN OORD A, LI Y, VINYALS O. Representation Learning with Contrastive Predictive Coding [J/OL]. (2018-07-10) [2024-06-11]. Http://arxiv. org/abs/1807. 03748.

[224] CHEN T, KORNBLITH S, NOROUZI M, et al. A Simple Framework for Contrastive Learning of Visual Representations[C]//International Conference on Machine Learning. IEEE,2020: 1597-1607.

[225] HE K, FAN H, WU Y, et al. Momentum Contrast for Unsupervised Visual Representation Learning [C]//IEEE Conference on Computer Vision and Pattern Recognition. IEEE,2020: 9726-9735.

[226] HAN T, XIE W, ZISSERMAN A. Memory-Augmented Dense Predictive Coding for Video Representation Learning [C]//European Conference on Computer Vision. 2020: 312-329.

[227] QIAN R, MENG T, GONG B, et al. Spatiotemporal Contrastive Video Representation Learning[C]//IEEE Conference on Computer Vision and Pattern Recognition. IEEE,2021: 6964-6974.

[228] WU L, WANG Y, GAO J, et al. Deep Co-attention based Comparators For Relative Representation Learning in Person Re-identification[J]. IEEE Transactions on Neural Networks and Learning Systems, 2021, 32 (2): 722-735.

[229] WANG J, JIAO J, LIU Y. Self-supervised Video Representation Learning by Pace Prediction[C]//European Conference on Computer Vision. 2020: 504-521.

[230] WU L, LIU D, GUO X, et al. Multi-scale Spatial Representation Learning via Recursive Hermite Polynomial Networks[C]//International Joint Conference on Artificial Intelligence. 2022: 1465-1473.

[231] JING L, YANG X, LIU J, et al. Self-supervised spatiotemporal feature learning via video rotation prediction[J/OL]. (2018-11-28)[2024-06-11]. http://arxiv.org/abs/1811.11387.

[232] FERNANDO B, BILEN H, GAVVES E, et al. Self-Supervised Video Representation Learning with Odd-One-Out Networks[C]//IEEE Conference on Computer Vision and Pattern Recognition. IEEE,2017: 5729-5738.

[233] LEE H, HUANG J, SINGH M, et al. Unsupervised Representation Learning by Sorting Sequences[C]//IEEE International Conference on Computer Vision. IEEE,2017: 667-676.

[234] XU D, XIAO J, ZHAO Z, et al. Self-supervised spatiotemporal learning via video clip order prediction[C]//IEEE Conference on Computer Vision and Pattern Recognition. IEEE,2019: 10334-10343.

[235] YAO Y, LIU C, LUO D, et al. Video Playback Rate Perception for Self-Supervised Spatio-Temporal Representation Learning[C]//IEEE Conference on Computer Vision and Pattern Recognition. IEEE,2020: 6547-6556.

[236] HAN T, XIE W, ZISSERMAN A. Video Representation Learning by Dense Predictive Coding[C]//IEEE International Conference on Computer Vision Workshops. IEEE,2019: 1483-1492.

[237] YAN Y, NI B, YANG X. Predicting Human Interaction via Relative Attention Model[C]//International Joint Conference on Artificial Intelligence. 2017: 3245-3251.

[238] YAO T, WANG M, NI B, et al. Multiple Granularity Group Interaction Prediction[C]//IEEE Conference on Computer Vision and Pattern Recognition. IEEE,2018: 2246-2254.

[239] CHEN J, BAO W, KONG Y. Group Activity Prediction with Sequential Relational Anticipation Model[C]//European Conference on Computer Vision. 2020: 581-597.

[240] LIM B, ARIK S Ö, LOEFF N, et al. Temporal Fusion Transformers for

Interpretable Multi-horizon Time Series Forecasting[J/OL]. (2019-12-19) [2024-06-11]. Http://arxiv. org/abs/1912. 09363.

[241] WU N, GREEN B, BEN X, et al. Deep Transformer Models for Time Series Forecasting: The Influenza Prevalence Case[J/OL]. (2020-01-02) [2024-06-11]. Https://arxiv. org/abs/2001. 08317.

[242] GIRDHAR R, GRAUMAN K. Anticipative Video Transformer[J/OL]. (2021-06-03)[2024-06-11]. Https://arxiv. org/abs/2106. 02036.

[243] YU C, MA X, REN J, et al. Spatio-Temporal Graph Transformer Networks for Pedestrian Trajectory Prediction[C]//European Conference on Computer Vision. 2020: 507-523.

[244] MAO W, LIU M, SALZMANN M. History Repeats Itself: Human Motion Prediction via Motion Attention[C]//European Conference on Computer Vision. 2020: 474-489.

[245] BENAIM S, EPHRAT A, Lang O, et al. SpeedNet: Learning the Speediness in Videos[C]//IEEE Conference on Computer Vision and Pattern Recognition. IEEE,2020: 9919-9928.

[246] HUANG J, HUANG Y, WANG Q, et al. Self-Supervised Representation Learning for Videos by Segmenting via Sampling Rate Order Prediction[J]. IEEE Transactions on Circuits and Systems for Video Technology, 2022, 32(6): 3475-3489.

[247] YAO Y, LIU C, LUO D, et al. Video Playback Rate Perception for Self-Supervised Spatio-Temporal Representation Learning[C]//IEEE Conference on Computer Vision and Pattern Recognition. IEEE,2020: 6547-6556.

[248] JENNI S, MEISHVILI G, FAVARO P. Video Representation Learning by Recognizing Temporal Transformations[C]//European Conference on Computer Vision. 2020: 425-442.

[249] TAO L, WANG X, YAMASAKI T. An Improved Inter-Intra Contrastive Learning Framework on Self-Supervised Video Representation[J]. IEEE Transactions on Circuits and Systems for Video Technology, 2022, 32(8): 5266-5280.

[250] ZHU Y, SHUAI H, LIU G, et al. Self-Supervised Video Representation Learning using Improved Instance-wise Contrastive Learning and Deep Clustering[J]. IEEE Transactions on Circuits and Systems for Video Technology, 2022,32(10): 6741-6752.

[251] OWENS A, EFROS A A. Audio-visual scene analysis with self-supervised multisensory features[C]//European Conference on Computer Vision. 2018: 631-648.

[252] KORBAR B, TRAN D, TORRESANI L. Cooperative Learning of Audio and Video Models from Self-Supervised Synchronization[C]//Advances in Neural Information Processing Systems. 2018: 7774-7785.

[253] SUN C, MYERS A, VONDRICK C, et al. VideoBERT: A Joint Model for Video and Language Representation Learning[C]//IEEE International Conference on Computer Vision. IEEE,2019: 7463-7472.

[254] TAO L, WANG X, YAMASAKI T. Pretext-contrastive learning: toward good practices in self-supervised video representation leaning[J/OL]. (2020-10-29)[2024-06-11]. https://arxiv. org/abs/2010. 15464.

[255] LAN T, CHEN T, SAVARESE S. A Hierarchical Representation for Future Action Prediction[C]//European Conference on Computer Vision. 2014: 689-704.

[256] CAI Y, LI H, HU J, et al. Action Knowledge Transfer for Action Prediction with Partial Videos[C]//AAAI Conference on Artificial Intelligence. 2019: 8118-8125.

[257] HU J, ZHENG W, MA L, et al. Early Action Prediction by Soft Regression[J]. IEEE Transactions on Pattern Analysis and Machine Intelligence, 2019, 41(11): 2568-2583.

[258] ZHAO H, WILDES R. Spatiotemporal Feature Residual Propagation for Action Prediction[C]//International Conference on Computer Vision. 2019: 7002-7011.

[259] VONDRICK C, PIRSIAVASH H, TORRALBA A. Anticipating Visual Representations from Unlabeled Video[C]//IEEE Conference on Computer Vision and Pattern Recognition. IEEE,2016: 98-106.

[260] KONG Y, TAO Z, FU Y. Adversarial Action Prediction Networks[J]. IEEE Transactions on Pattern Analysis and Machine Intelligence, 2020, 42(3): 539-553.

[261] WANG X, HU J, LAI J, et al. Progressive Teacher-Student Learning for Early Action Prediction[C]//IEEE Conference on Computer Vision and Pattern Recognition. IEEE,2019: 3556-3565.

[262] GAMMULLE H, DENMAN S, SRIDHARAN S, et al. Predicting the

Future: A Jointly Learnt Model for Action Anticipation[C]//IEEE International Conference on Computer Vision. IEEE,2019: 5561-5570.

[263] TAMURA M, VISHWAKARMA R, VENNELAKANTI R. Hunting group clues with transformers for social group activity recognition[J/OL]. (2022-07-12)[2024-06-11]. https://arxiv. org/abs/2207. 05254.

[264] TONG Z, SONG Y, WANG J, et al. Videomae: masked autoencoders are data-efficient learners for self-supervised video pre-training[J/OL]. (2022-04-23) [2024-06-11]. https://arxiv. org/abs/2203. 12602.